○全民阅读·经典小丛书○

菜根谭

[明] 洪应明——著
冯慧娟——编

吉林出版集团股份有限公司

图书在版编目（CIP）数据

菜根谭 /（明）洪应明著；冯慧娟编. — 长春：吉林出版集团股份有限公司，2015.6（2024.1重印）
（全民阅读·经典小丛书）
ISBN 978-7-5534-7570-7

Ⅰ.①菜… Ⅱ.①洪… ②冯… Ⅲ.①个人－修养－中国－明代②《菜根谭》－通俗读物 Ⅳ.①B825-49

中国版本图书馆 CIP 数据核字 (2015) 第 119887 号

CAIGEN TAN

菜根谭

作　　者：［明］洪应明　著　冯慧娟　编
出版策划：崔文辉
选题策划：冯子龙
责任编辑：刘虹伯
排　　版：新华智品
出　　版：吉林出版集团股份有限公司
（长春市福祉大路 5788 号，邮政编码：130118）
发　　行：吉林出版集团译文图书经营有限公司
（http://shop34896900.taobao.com）
电　　话：总编办 0431-81629909　营销部 0431-81629880 / 81629881
印　　刷：北京一鑫印务有限责任公司
开　　本：640mm × 940mm 1/16
印　　张：10
字　　数：130 千字
版　　次：2015 年 7 月第 1 版
印　　次：2024 年 1 月第 5 次印刷
书　　号：ISBN 978-7-5534-7570-7
定　　价：39.80 元

印装错误请与承印厂联系　电话：18611383393

前言

清乾隆五十九年，遂初堂主人游古刹时，拾到一本明代洪应明著的《菜根谭》。通读之后，他深感此书关于性命之学，令人警醒，于是校正付印，公之于世。

洪应明，字自诚，号还初道人，生卒年不详。这个淹没在历史角落的普通人，根据宋人一句“人能咬得菜根，则百事可做”的名言，写成了这部为历史所不能忘却的奇书——《菜根谭》。

《菜根谭》展示的不是某一生活侧面，而是一个完整的生活。《菜根谭》所面对的不是某一种人，而是芸芸众生。

《菜根谭》是不同人的共同选择。政治家喜欢它，因为它充满了经邦治国的谋略。商业巨子们重视它，因为它包含了富于通变的处世哲学。僧侣们喜欢它，因为它将儒释道融为一体……

“酞肥辛甘非真味，真味只是淡。神奇卓异非至人，至人只是常。”这是一本平常人写给平常人读，感悟平常生活真谛的书。

目录

修养德行

𬪩肥辛甘非真味，真味只是淡；
神奇卓异非至人，至人只是常。

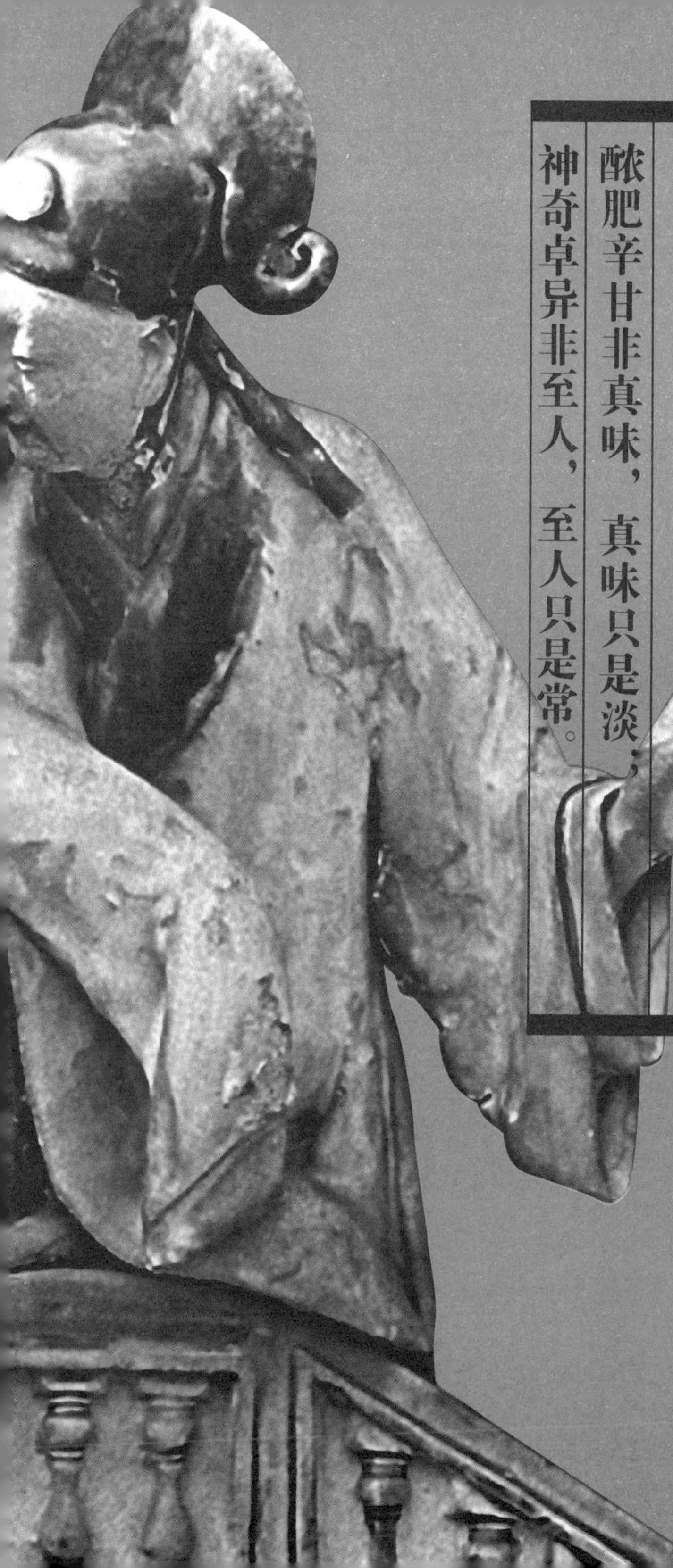

一

【原文】

栖守道德者，寂寞一时；依阿权势者，凄凉万古。达人观物外之物，思身后之身；宁受一时之寂寞，毋取万古之凄凉。

【译文】

坚守道德的人，可能会暂时寂寞；阿谀攀附权贵的人却会最终永远凄凉。通达的人洞察具体事物外的哲理，考虑死后的千古声名，所以宁可坚守节操，忍受一时的寂寞，绝不趋炎附势，落得万古寂寞。

二

【原文】

涉世浅，点染亦浅；历事深，机械亦深。故君子与其练达，不若朴鲁；与其曲谨，不若疏狂。

【译文】

涉世不深的人，沾染的不良习惯也少；阅历比较丰富的人，权谋奸计也多。所以做一个君子，与其精明老练，熟悉人情世故，不如淳朴天真；与其处处谨小慎微，不如行为狂放，不拘小节。

三

【原文】

君子之心事天青日白，不可使人不知；君子之才华玉韫珠藏，不可使人易知。

【译文】

君子的心事像青天白日一样，不能让别人不知道；君子的才华像珠玉一样深藏，不能让人轻易知道。

四

【原文】

耳中常闻逆耳之言，心中常有拂心之事，才是进德修身的砥石。若言言悦耳，事事快心，便把此生埋在鸩毒中矣。

【译文】

耳中常听到不中听的忠言，心中常想到不顺心的事，这才是修炼德行的磨刀石。如果听到的全是好听话，遇到的全是称心事，就等于把这一生泡在毒酒里。

五

【原文】

疾风怒雨，禽鸟戚戚；霁日风光，草木欣欣。可见天地不可一日无和气，人心不可一日无喜神。

【译文】

狂风暴雨会使鸟兽忧伤，风和日丽则使草木充满生机。可见天地之间不能一天没有和平的环境，人的心中不能一天没有愉快的心情。

六

【原文】

酞肥辛甘非真味，真味只是淡；神奇卓异非至人，至人只是常。

【译文】

烈酒，肥肉，辛辣、甘甜的东西都不是最自然的口味，最自然的口味只是清淡。言谈举止神奇超出众人的人，并不是道德修养最高的人，道德修养最高的人举止不过和普通人一样。

七

【原文】

天地寂然不动，而气机无息稍停；日月昼夜奔驰，而贞明万古不易。故君子闲时要有吃紧的心思，忙处要有悠闲的趣味。

【译文】

天地看起来寂静不动，而内在的变化却一刻没有停止；日月每天都在运行，而它们的光辉却万古不变。所以君子在清闲时要有应急的准备，繁忙时要有悠闲的情趣。

注：气：我国古代哲学概念，常指构成万物的物质。机：事物变化的原因。

八

【原文】

夜深人静，独坐观心，始觉妄穷而真独露，每于此中得大机趣；既觉真现而妄难逃，又于此中得大惭忸。

【译文】

夜深人静时一个人坐着反省自己，才感到杂念都消失了，只有本性显露出来。常常在这个时候才能体会到生命的真正乐趣。但又觉得在真心流露时，世俗的非分杂念却始终难以摆脱，这时也感觉最惭愧。

九

【原文】

藜口苋肠者多冰清玉洁；衮衣玉食者甘婢膝奴颜。盖志以淡泊明，而节从肥甘丧也。

【译文】

吃粗茶淡饭的人，多具有冰清玉洁的品格；锦衣玉食的人，往往甘心卑躬屈膝。看来志气是在淡泊生活中表现出来的，而节操是在奢侈享乐中丧失的。

十

【原文】

面前的田地要放得宽，使人无不平之叹；身后的惠泽要流得长，使人有不匮之思。

【译文】

为人要心胸开阔，才不会招别人怨恨；死后的恩惠要流传长远，才会赢得人们无尽的怀念。

十一

【原文】

径路窄处，留一步与人行；滋味浓的，减三分让人嗜。此是涉世一极乐法。

【译文】

道路狭窄的地方，要留一步，让别人能走过去；味道好的东西，分一些给别人尝。这是处世中取得快乐的最好方法。

十二

【原文】

交友须带三分侠气，为人要存一点素心。

【译文】

交朋友要带几分侠气，做人要保留一点赤诚之心。

十三

【原文】

宠利毋居人前，德业毋落人后；受享毋逾分外，修为毋减分中。

【译文】

恩宠、利益不要抢在别人的前面，修养、道德、干事业不要落在别人后面。享受应得的利益不要超过自己的本分，修养道德要尽到本分，不能减少。

十四

【原文】

处世让一步为高，退步即进步的张本；待人宽一分是福，利人实利己的根基。

【译文】

为人处世让一步是高明的，退让实际上是进步的基础；待人宽厚一点是福德，便利别人是便利自己的根基。

十五

【原文】

盖世的功劳，当不得一个“矜”字；弥天的罪过，当不得一个“悔”字。

【译文】

一个人即使功高盖世，只要骄傲就会功绩全无；一个人即使犯下弥天大罪，只要悔过，就能抵销罪过。

十六

【原文】

完名美节不宜独任，分些与人，可以远害全身；辱行污名不宜全推，引些归己，可以韬光养德。

【译文】

完美的名节，不应该独自拥有，要分些给别人，才可以避免祸害；不光彩的名声，不应全推给别人，自己承担一些，才能隐藏锋芒修养品德。

注：韬光：韬，原指弓箭的套子，这里指隐藏。韬光，就是隐藏起光彩，不外露。

十七

【原文】

事事留个“有余不尽”的意思，便造物不能忌我，鬼神不能损我；若业必求满，功必求盈者，不生内变，必召外忧。

【译文】

做每件事都要留有余地，造物主就不会忌恨我，鬼神也不会伤害我；如果总是追求事业完满，功业完善，即使内部不发生变乱，也一定会招来外在的忧患。

十八

【原文】

家庭有个真佛，日用有种真道。人能诚心和气，愉色婉言，使父母兄弟间形体两释，意气交流，胜于调息观心万倍矣！

【译文】

家庭生活、日常做事有一个要真正信奉的道理，人能够平心静心真心相待，态度愉快语言委婉，使父母兄弟间消除隔阂，思想能够交流，要比静坐调息内省强上万倍。

十九

【原文】

好动者云电风灯，嗜寂者死灰槁木；须定云止水中，有鸢飞鱼跃气象，才是有道心体。

【译文】

生性好动的人像云中的闪电、风中的烛火一样动荡不安；喜欢安静的人像熄灭的冷灰、枯干的树木死气沉沉。只有像安闲的云里有鸢鸟飞动，宁静的水中有鱼儿跃起，才是有道之人应有的胸怀。

二十

【原文】

攻人之恶毋太严，要思其堪受；教人以善毋过高，当使其可从。

【译文】

批评别人的缺点不要太严格，要想想他能不能受得了；教别人做善事不要要求太高，要使别人可以做得到。

二十一

【原文】

粪虫至秽，变为蝉，而饮露于秋风；腐草无光，化为萤，而耀采于夏月。因知洁常自污出，明每从暗生也。

【译文】

粪土中的小虫是最肮脏的，一旦蜕变成蝉，却在秋风中饮清洁的露水为生；腐烂的野草是没有光泽的，一旦变成萤火虫，却在夏天的夜晚发出荧荧的光亮。清洁往往出自污秽，光明往往诞生于黑暗。

二十二

【原文】

矜高倨傲，无非客气；降服得客气下，而后正气伸。情欲意识，尽属妄心；消杀得妄心尽，而后真心现。

【译文】

骄傲自大不过是一种虚浮之气，能把这种浮气压下去，而后正气才能得以伸展。七情六欲等意念都是妄想，只有把妄想消灭干净了，真心才能够显现。

二十三

【原文】

饱后思味，则浓淡之境都消；色后思淫，则男女之见尽绝。故人常以事后之悔悟，破临事之痴迷，则性定而动无不正。

【译文】

吃饭之后再品菜的味道，咸淡的感觉都消失了。交欢后再回想淫欲，对异性的冲动一点也不见了。所以人们如果常用事后的悔悟去打破遇事时的痴迷，那么就能保持心性的稳定，行动不会不正规。

二十四

【原文】

居轩冕之中，不可无山林的气味；处林泉之下，须要怀廊庙的经纶。

【译文】

做高官的人，不能没有隐士的淡泊之气；隐居的人，应该有治理国家的心智。

注：轩冕：轩车和冕服，是卿大夫的衣着车饰，常用来指高官。林泉：幽静适于隐居的地方。

二十五

【原文】

忧勤是美德，太苦则无以适性怡情；淡泊是高风，太枯则无以济人利物。

【译文】

勤劳多思是一种美德，但太辛苦了就无法使性情安适愉悦；淡泊是一种高尚的情操，但太枯燥就无法有利于人和事。

二十六

【原文】

事穷势蹙之人，当原其初心；功成行满之士，要观其末路。

【译文】

对于做错事地位不利的人，要推求他当初的本意；对于事业成功行为圆满的人，要看他的最后结果。

二十七

【原文】

利欲未尽害人，意见乃害心之蟊贼；声色未必障道，聪明乃障道之藩屏。

【译文】

对利益的欲望不一定害人，偏见是毒害人心的蟊贼；喜好美色歌舞不一定会影响一个人的前程，自作聪明才是阻挡人道路的屏障。

注：蟊贼：危害别人或国家的人。蟊，吃苗根的害虫。

二十八

【原文】

人情反覆，世路崎岖。行不去处，须知退一步之法；行得去处，务加让三分之功。

【译文】

人情反复无常，世上的路崎岖不平。走不通的地方，要知道退一步的道理；行得通的时候，一定要让几分好处给他人。

二十九

【原文】

待小人不难于严，而难于不恶；待君子不难于恭，而难于有礼。

【译文】

对待小人不难做到严厉，而难的是做到不厌恶他们；对待君子不难做到恭敬，难的是做得符合礼节。

三十

【原文】

降魔者先降其心，心伏则群魔退听；驭横者先驭其气，气平则外横不侵。

【译文】

降伏恶魔的人先要降伏自己心中的邪念，心中的邪念被降伏了，所有的恶魔都会退去；驾驭世事的人先要驾驭自己的浮躁之气，浮躁之气平息了，外在的纷乱就不会侵入。

三十一

【原文】

养弟子如养闺女，最要严出入、谨交游。若一接近匪人，是清净田中下一不净的种子，便终身难植嘉苗矣！

【译文】

教育青年人就好像养未出嫁的姑娘，一定要严格管理他的生活，让他与人交往谨慎。一旦接近了不规矩的人，就像在良田里种下一颗不好的种子，永远难以种出好庄稼了。

三十二

【原文】

欲路上事，毋乐其便而姑为染指，一染指便深入万仞；理路上事，毋惮其难而稍为退步，一退步便远隔千山。

【译文】

欲望上的事不要因为方便就去沾染，一沾染上就跌入了万丈深渊；道义上的事不要因为害怕困难就有所退步，一退步就像远隔千万重高山，难以达到。

三十三

【原文】

彼富我仁，彼爵我义，君子故不为君相所牢笼；人定胜天，志壹动气，君子亦不受造化之陶铸。

【译文】

那些贵族有钱有地位，我却有仁义道德，所以君子不被君主丞相所笼络；人一定能战胜自然，志向专一就能使气改变，所以君子也不受造物主的限制。

三十四

【原文】

立身不高一步立，如尘里振衣，泥中濯足，如何超达？处世不退一步处，如飞蛾投烛，羝羊触藩，如何安乐？

【译文】

修养品德如果不高出别人一步，就像在灰尘里抖衣

服，泥水中洗脚，怎么能够超凡脱俗？处世如果不退一步考虑，就像飞蛾投火，公羊角撞篱笆，怎么能够安乐？

注：羝羊触藩：公羊的角被挂在栅栏上，进退两难。

三十五

【原文】

学者要收拾精神，并归一路。如修德而留意于事功名誉，必无实诣；读书而寄兴于吟咏风雅，定不深心。

【译文】

学者要把精力集中到一条路上。如果一面修养道德，一面在乎名声荣誉和事业成功，一定没有真正造诣；读书而感兴趣于吟诗作赋，一定没有深的学问。

三十六

【原文】

人人有个大慈悲，维摩屠刽无二心也；处处有种真趣味，金屋茅檐非两地也。只是欲闭情封，当面错过，便咫尺千里矣。

【译文】

人人都有大慈大悲之心，维摩诘和屠夫、刽子手并没有两种心灵。处处都有生活的真趣味，华贵的金屋和简陋的茅屋并不是两种地方。只是人们被感情和欲望所遮蔽，便当面错过了真心真趣，虽然只相隔咫尺却杳如千里了。

注：维摩：维摩诘，佛名。

三十七

【原文】

进德修养，要个木石的念头，若一有欣羡，便趋欲境；济世经邦，要段云水的趣味，若一有贪着，便堕危机。

【译文】

提高品德修养，要有像木头、石头一样冷静的心，如果有一点对世俗的羡慕，就进入了充满欲望的世俗境界；治理国家的人要有闲散的情趣，但一有贪心或执迷，就会使事业陷入危机。

三十八

【原文】

吉人无论作用安详，即梦寐神魂，无非和气；凶人无论行事狠戾，即声音笑语，浑是杀机。

【译文】

和善的人日常举止安详，即使睡着时的神态也都是和气；凶恶的人做事狠毒，即使是说笑时也露出杀机。

三十九

【原文】

肝受病则目不能视，肾受病则耳不能听。病受于人所不见，必发于人所共见。故君子欲无得罪于昭昭，先无得罪于冥冥。

【译文】

肝有了病，眼睛看不见东西；肾有了病，耳朵就听不见声音。人们看不见的地方病了，一定会在人们都能看到的地方表现出来。所以君子想在大庭广众之下没有过错，一定要在人们看不到的地方不犯错。

四十

【原文】

福莫福于少事，祸莫祸于多心。惟苦事者方知少事之为福；惟平心者始知多心之为祸。

【译文】

最大的幸福是事情少，最大的祸患是多心。只有苦于事多的人，才知道事少是一种幸福。只有心情平静的人，才知道多心的祸患。

四十一

【原文】

处治世宜方，处乱世当圆，处叔季之世当方圆并用；待善人宜宽，待恶人当严，待庸众之人宜宽严互存。

【译文】

生活在清明的时代，处世应当正直；生活在战乱的年代，处世应当圆滑；生活在末世，处世应当正直与圆滑两种手段并用。对待好人应当宽厚，对待恶人应当严厉，对待平常的众人应当宽厚严厉都有。

注：叔季之世：乱世。叔世，指衰乱的时代。季世，指末世。

四十二

【原文】

我有功于人不可念，而过则不可不念；人有恩于我不可忘，而怨则不可不忘。

【译文】

我对别人有功，不要记住。有过错却不可以忘记。别人对我有恩不能忘，而对我有私怨，却不能不忘。

四十三

【原文】

施恩者，内不见己，外不见人，则斗粟可当万钟之报；利物者，计己之施，责人之报，虽百镒难成一文之功。

【译文】

给别人恩惠的人，自己内心并不在乎，也不让人知道，那么即使恩惠很少，别人也会隆重地回报。给别人好处的人计算自己的给予，让别人回报他，即使恩惠很多也没有一点功劳。

注：万钟：很多的粮食。钟，古代量器的一种。百镒：很多的金钱。镒，古代重量单位。

四十四

【原文】

心地干净，方可读书学古。不然，见一善行，窃以济私，闻一善言，假以覆短，是又"藉寇兵而赍盗粮"矣。

【译文】

心地干净后才可以读书学习古学。不然，看见一种好行为就私下用来为自己谋私，听见一句好话就借用为自己护短，这就像把兵器借给了强盗，把粮食运给了土匪。

四十五

【原文】

奢者富而不足，何如俭者贫而有余；能者劳而府怨，何如拙者逸而全真。

【译文】

生活奢侈的人富有东西却不够用，怎么能比

得上节俭的人贫穷，东西却有剩余；有才能的人劳累而心中怨恨，怎能比得上笨拙的人闲散却保持了本性。

注：府怨：心中怨恨。府，通“腑”。

四十六

【原文】

读书不见圣贤，如铅椠佣；居官不爱子民，如衣冠盗；讲学不尚躬行，如口头禅；立业不思种德，如眼前花。

【译文】

读书却不学习圣贤，就是文字的奴隶；做官却不爱惜人民，就是衣冠楚楚的强盗；讲学问不崇尚实践，就像随口念经不悟佛心的和尚；建立功业却不想着培养道德，就像开放的花朵，转眼就会凋零。

注：铅椠：古代记录文字的工具，这里指表面文字。铅，铅粉笔。椠，木板。躬行：亲自实践。

四十七

【原文】

人心有部真文章，都被残编断简封固了；有一部真鼓吹，都被妖歌艳舞湮没了。学者须扫除外物，直觅本来，才有个真受用。

【译文】

人的心里有一本真正的文章，都被杂乱不全的文章遮盖了；有一首真正的乐曲，都被那些妖艳淫乐的歌舞淹没了。治学的人只有清除身外之物，直寻自己的本心，才会真正享受其中乐趣。

四十八

【原文】

苦心中常得悦心之趣，得意时便生失意之悲。

【译文】

心存俭苦，常能体会到令人喜悦的趣事；顺心得意时，就会出现失意的悲伤。

四十九

【原文】

学者有段兢业的心思，又要有段潇洒的趣味。若一味敛束清苦，是有秋杀无春生，何以发育万物？

【译文】

学者要有一份兢兢业业的心思，又要有一份潇洒的情趣。如果一味是约束和清苦，就是只有秋天的肃杀而没有春天的生机，怎么能滋育万物？

五十

【原文】

真廉无廉名，立名者正所以为贪；大巧无巧术，用术者乃所以为拙。

【译文】

真正廉洁的人没有廉洁的美名，立名正是因为他有贪心；最灵巧的人不使用权术，用权术正是因为愚蠢。

五十一

【原文】

敧器以满覆，扑满以空全。故君子宁居无不居有，宁处缺不处完。

【译文】

倾斜的容器因为装满而摔倒，储蓄盒因为空无一钱而得以保全。所以君子宁愿处在无的境地，不愿处在有的境地，宁愿有所欠缺而不愿十全十美。

注：敧器：一种容器，少装则偏斜，装满则倾覆，只有不多不少才不偏不覆。敧，倾斜。扑满：积存零钱的容器。用土做成，有小孔可以放入零钱，但无处可以取出，钱满时就把它打烂，把钱取出。

五十二

【原文】

泛驾之马可就驰驱，跃冶之金终归型范。只一优游不振，便终身无个进步。白沙云："为人多病未足羞，一生无病是吾忧。"真确论也。

【译文】

拉翻车的马也可以训练后受人驾驭奔跑，翻腾的金属汁液最终会被铸成器物。人如果一直自由自在，就一辈子没有进步。白沙说：“人有许多缺点并不可耻，一辈子没有缺点才是令我担心的。”这真是精辟的论述。

注：泛驾：翻车，比喻难以控制。跃冶：金属液在熔炉里起伏、翻腾。后用来比喻自我表现，自我炫耀。型范：铸造器物的模子。优游：悠闲自得。

五十三

【原文】

声妓晚景从良，一世之烟花无碍；贞妇白头失守，半生之清苦俱非。语云：“看人只看后半截”。真名言也。

【译文】

歌妓、舞女等卖身卖笑的风尘女子，在后半辈子能够嫁人做一个良家妻子，那么以前放荡淫逸的生活对后来的正常生活不会造成妨碍；一个一生都在坚守贞节的妇女，如果在晚年耐不住寂寞而失身的话，那么她半辈子的清苦都白费了。俗话说：“观察一个人的品行，只须看他的后半生。”这真是至理名言啊。

五十四

【原文】

文章做到极处，无有他奇，只是恰好；人品做到极处，无有他异，只是本然。

【译文】

文章写到最好的境界，就没有什么特别的地方，只是表达得恰到好处而已；品行修养到最高的境界，没有什么不同的地方，只是性情归到自然本性而已。

五十五

【原文】

毋偏信而为奸所欺，毋自任而为气所使；毋以己之长而形人之短，毋因己之拙而忌人之能。

【译文】

一个人不要相信片面之辞而被一些奸诈小人所欺骗，不要自恃过高而被一时的意气所驱使，不要用自己的长处来比较人家的短处，不要因为自己的笨拙就嫉妒人家的才能。

五十六

【原文】

吾身一小天地也，使喜怒不愆，好恶有则，便是燮理的功夫；天地一大父母也，使民无怨咨，物无氛疹，亦是敦睦的气象。

【译文】

我们的身体就像一个小天地，如果能让自己喜怒不逾越规矩，让自已的好恶遵守一定的准则，这就是做人的一种调理谐和的功夫；天地大自然就像是大父母一样，如果能使人民没有怨叹，万事万物没有灾害，便能够呈现一片亲善和平的景象。

五十七

【原文】

势力纷华，不近者为洁，近之而不染者为尤洁；智械机巧，不知者为高，知之而不用者为尤高。

【译文】

不接近权势名利的人是高洁的，接近权势名利，却能够不为之动心的人更为高洁。不懂得权谋诡计的人是清高的，懂得权谋诡计却不去用的人更加清高。

微信扫码

拓展视频 图文资讯

趣味测评 阅读分享

把握人生

图未就之功，不如保已成之业；悔既往之失，不如防将来之非。

五十八

【原文】

恩里由来生害，故快意时须早回头；败后或反成功，故拂心处莫便放手。

【译文】

受到恩宠常常会带来祸害，所以得意的时候要早点回头；失败以后，有时接下去反而成功，所以不顺心时不要轻易放弃。

五十九

【原文】

作人无甚高远事业，摆脱得俗情便入名流；为学无甚增益功夫，减除得物累便臻圣境。

【译文】

做人不需要干什么伟大的事业，只要能摆脱世俗之心便是名人；做学问也没有什么特别的诀窍，只要不受外物的诱惑就达到了圣贤的境界。

六十

【原文】

富贵家宜宽厚，而反忌刻，是富贵而贫贱其行矣！如何能享？聪明人宜敛藏，而反炫耀，是聪明而愚懵其病矣！如何不败？

【译文】

富贵的人家应该待人宽厚，而反倒小气苛刻，这是身为富贵人而行为却像贫贱无知的人。他们怎么能享受富贵呢？聪明的人应该掩藏自己的才智，却反倒去炫耀自己。这种人虽聪明而有愚蠢的毛病。怎么能不失败呢？

六十一

【原文】

居卑而后知登高之为危；处晦而后知向明之太露；守静而后知好动之过劳；养默而后知多言之为躁。

【译文】

在低处才能知道登到高处危险；在黑暗的地方，才知道在亮处过于暴露；保持安静才知道四处奔波的辛苦；养成沉默的习惯才知道多说话是令人烦躁的。

六十二

【原文】

放得功名富贵之心下，便可脱凡；放得道德仁义之心下，才可入圣。

【译文】

能够放弃追求功名富贵的想法，就可以超脱世俗；能够放弃追求仁义道德的想法，才可以进入圣人的境界。

六十三

【原文】

宁守昏噩而黜聪明，留些正气还天地；宁谢纷华而甘澹泊，遗个清白在乾坤。

【译文】

宁可憨傻而不要聪明，在天地间留些正气。宁肯拒绝荣华富贵而甘心过淡泊生活，在世间留下一份清白。

六十四

【原文】

念头浓者，自待厚，待人亦厚，处处皆浓；念头淡者，自待薄，待人亦薄，事事皆淡。故君子居常嗜好，不可太浓艳，亦不宜太枯寂。

【译文】

生活欲望强的人自己生活优厚，对别人接待也很优厚，什么地方都讲究享受；生活欲望淡泊的人，对自己生活处理简朴，接待别人也从俭，每件事都节俭。所以君子平常的嗜好不可以太奢侈，也不应该太俭朴辛苦。

六十五

【原文】

人之际遇，有齐有不齐，而能使己独齐乎？己之情理，有顺有不顺，而能使人皆顺乎？以此相观对治，亦是一方便法门。

【译文】

人的命运有幸运的，有不幸的，怎能使自己偏偏幸运？自己的心情，有顺心时，有不顺心时，怎能使别人都气顺？用这些互相参考，也是处世的一个方便办法。

六十六

【原文】

富贵名誉，自道德来者，如山林中花，自是舒徐繁衍；自功业来者，如盆槛中花，便有迁徙兴废。若以权力得者，如瓶钵中花，其根不植，其萎可立而待矣。

【译文】

凭道德高尚得来的富贵名誉，像山中的花，慢慢开放，生长起来；凭建功立业得来的财富声名，就像盆中的花，随时有兴旺和枯萎的变化；如果是靠权力得来的，就像瓶中的花，没有培植根，很快就会枯萎。

注：盆槛：花盆。槛，栏杆。

六十七

【原文】

春至时和，花尚铺一段好色，鸟且啭几句好音。士君子幸列头角，复遇温饱，不思立好言，行好事，虽是在世百年，恰似未生一日。

【译文】

到了春天天气暖和，花还要开出一片美丽的颜色，鸟还要叫出几声好听的声音。君子士人如果侥幸出人头地，又过上能穿暖吃饱的生活，却不想留下好的语言，做些好事，即使在世界上生活百年，也就像一天没活一样。

六十八

【原文】

名根未拔者，纵轻千乘甘一瓢，总堕尘情；客气未融者，虽泽四海利万世，终为剩技。

【译文】

名利之心没有消除，纵然轻视富贵甘于简陋生活，也总是陷于世俗之情。矫饰之心没有化解，虽然恩泽遍布四海流传万代，最终也是无用伎俩。

注：千乘：有一千辆四匹马拉战车的国家。这里指王侯之位。一瓢：一瓢清水，指贫苦的生活。客气：虚伪之气，不真诚。

六十九

【原文】

心体光明，暗室中有青天；念头暗昧，白日下有厉鬼。

【译文】

心地光明，即使在黑暗的屋子中也好像头顶明亮的天空。心地阴暗，即使在明亮的阳光下也会遇见阴森的厉鬼。

七十

【原文】

人知名位为乐，不知无名无位之乐为最真；人知饥寒为忧，不知不饥不寒之忧为更甚。

【译文】

人们知道有名声地位是件乐事，却不知道没有名声地位才是真正的快乐。人们知道饥饿寒冷是令人忧愁的，却不知不饿不冷时的忧愁更深。

七十一

【原文】

为恶而畏人知，恶中犹有善路；为善而急人知，善处即是恶报。

【译文】

做了坏事怕别人知道，罪恶中还有通往善的路径；做了好事急着让人知道，好事里已埋下了恶的报应。

七十二

【原文】

天之机缄不测，抑而伸，伸而抑，皆是播弄英雄、颠倒豪杰处。君子只是逆来顺受，居安思危，天亦无所用其技俩矣。

【译文】

命运的奥妙难以预测，有时先抑制你再使你发挥大志，有时是先使你实现抱负再使你受到压制，这都是对英雄豪杰的捉弄。君子只要逆来顺受，居安思危，天的伎俩也无处可用。

七十三

【原文】

躁性者火炽，遇物则焚；寡恩者冰清，逢物必杀。凝滞固执者，如死水腐木，生机已绝。俱难建功业而延福祉。

【译文】

性情暴躁的人像炽热的烈火，遇到东西就烧毁。性情苛薄的人像寒冷的冰，遇到东西就冻死。顽固的人像不流动的水、腐烂的木头，已经没有生机。这几种人都难以建功立业，造福于人。

七十四

【原文】

福不可徼，养喜神以为召福之本而已；祸不可避，去杀机以为远祸之方而已。

【译文】

福不是求来的，培养愉快的心情就是召来幸福的根本。祸不是躲开的，除去害人之念就是远离祸害的方法。

注：徼：强求。

七十五

【原文】

十语九中，未必称奇，一语不中，则愆尤骈集；十谋九成，未必归功，一谋不成，则訾议丛兴。君子所以宁默毋躁，宁拙毋巧。

【译文】

说十句话有九句是正确的，未必有人称赞，有一句话没说对，就会责难云集。筹划了十件事，有九件成功了，不一定有人把功劳归给你。有一件事没有谋划成功，别人就会纷纷批评。所以，君子宁可沉默也不急躁多言，宁可看似笨拙，也不显露机巧。

注：愆尤：过失，责备。骈集：集中。訾议：批评。

七十六

【原文】

天理路上甚宽，稍游心，胸中便觉广大宏朗；人欲路上甚窄，才寄迹，眼前俱是荆棘泥涂。

【译文】

天理的道路十分宽阔，稍微留心一下，就觉得心胸开阔；人欲的道路很狭窄，刚一落脚，眼前就都是荆棘泥泞。

注：游心：留心，注意。寄迹：落脚，停留。

七十七

【原文】

一苦一乐相磨练，练极而成福者，其福始久；一疑一信相参勘，勘极而成知者，其知始真。

【译文】

痛苦与快乐相互磨练到极至而得到的幸福才能长久；怀疑与相信相比较最后得到的知识才是真的智慧。

注：参勘：比较分析。勘，核对。

七十八

【原文】

心不可不虚，虚则义理来居；心不可不实，实则物欲不入。

【译文】

人不能不谦虚，只有谦虚才能接受真正的知识；人心不可以不充实，只有心灵充实的人才抵挡得住物欲的侵袭。

七十九

【原文】

地之秽者多生物，水之清者常无鱼；故君子当存含垢纳污之量，不可持好洁独行之操。

【译文】

污秽的地方生物众多，清澈的水中常常没有鱼。所以君子应该有容纳尘俗的度量，不能洁身自好、孤芳自赏。

八十

【原文】

人只一念贪私，便销刚为柔，塞智为昏，变恩为惨，染洁为污，坏了一生人品。故古人以不贪为宝，所以度越一世。

【译文】

人只要一有了贪私利的念头，就会由刚毅变为软弱，由聪明变为糊涂，由慈善变为残酷，由纯洁变为污浊，玷污了一生的品格。所以古人不把贪婪当作好事，所以能一生平安。

八十一

【原文】

耳目见闻为外贼，情欲意识为内贼。只是主人翁惺惺不昧，独坐中堂，贼便化为家人矣！

【译文】

耳闻目睹的淫声美色是外来的盗贼，情欲和偏见是藏在内心的盗贼。只要主人能够思想清醒，在堂中央稳坐，这些盗贼就会变成家里的佣人。

注：惺惺：清醒。

八十二

【原文】

图未就之功，不如保已成之业；悔既往之失，不如防将来之非。

【译文】

与其图谋尚未完成的功业，不如保住已经完成的事业。追悔过去的过失，不如预防将来的错误。

八十三

【原文】

气象要高旷，而不可疏狂；心思要缜密，而不可琐屑；趣味要冲淡，而不可偏枯；操守要严明，而不可激烈。

【译文】

一个人的气度要高远，但不要流于狂放不羁；心思要细密，但不要琐碎烦杂；情趣要淡泊，但不要枯燥单调；节操要严谨，但不要太激烈。

八十四

【原文】

风来疏竹，风过而竹不留声；雁度寒潭，雁去而潭不留影；故君子事来而心始现，事去而心随空。

【译文】

风吹过稀疏的竹林，吹过后，竹林里不会留有风声；鸿雁飞过清冷的深潭，飞过后，潭水中没有留下鸿雁的身影。所以君子当事情到来时心中才考虑此事，事情过去了，心中就不再想什么。

八十五

【原文】

清能有容，仁能善断，明不伤察，直不过矫，是谓蜜饯不甜，海味不咸，才是懿德。

【译文】

清廉的人能容人，仁厚的人善于判断，精明的人不过分苛求，正直的人不过于做作，这就像蜜饯不过于甜，海味不太咸，才是真正的美德。

八十六

【原文】

贫家净扫地，贫女净梳头，景色虽不艳丽，气度自是风雅。士君子一当穷愁寥落，奈何辄自废弛哉！

【译文】

穷人家把地打扫得干干净净，贫穷的女孩把头梳得整整齐齐。外表虽不艳丽，但却自然有一种高雅的气质。君子士人怎能一穷困潦倒就自暴自弃呢？

八十七

【原文】

闲中不放过，忙处有受用；静中不落空，动处有受用；暗中不欺隐，明处有受用。

【译文】

清闲时抓紧时间，忙时就会有好处；安静时不要让心灵一片空白，有活动、有事情时就有好处；没人时也不隐瞒错误欺骗别人，事情大见光明时就会有好处。

八十八

【原文】

念头起处，才觉向欲路上去，便挽从理路上来。一起便觉，一觉便转，此是转祸为福，起死回生的关头，切莫轻易放过。

【译文】

涌起的念头一发觉是朝着欲望去的，就赶紧把它拉上理的正路。念头涌起就发现，一发现就扭转，这是把灾祸变为幸福、使死亡回复生机的关键，千万不要轻易放过。

八十九

【原文】

静中静非真静，动处静得来，才是性天之真境；乐处乐非真乐，苦中乐得来，才是心体之真机。

【译文】

在悄然无声的环境中所得到的安静，不是真正的安静，在喧闹骚动中获得的心情平静，才算达到天性原本的真境界；在快乐环境中得到的欢乐，不是真欢乐，只有在艰苦环境中仍然能保持快乐心情，才算获得心性原本的真机趣。

九十

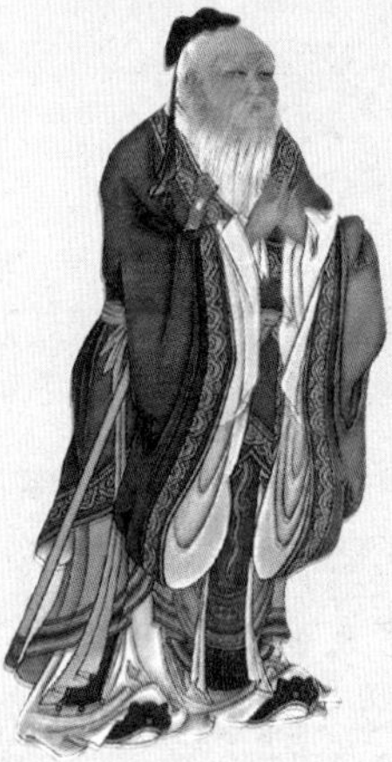

【原文】

舍己毋处其疑，处其疑，即所舍之志多愧矣；施人毋责其报，责其报，并所施之心俱非矣。

【译文】

既然要做出自我牺牲，就不要犹疑不决，如果迟迟不下决定，对自己的牺牲做许多计较，那么那份舍己为人的心意就会打折扣；既然要施舍恩惠给别人，就不能要求得到回报，如果一定要求对方感恩图报，那么这份乐善好施的心意也就变质了。

九十一

【原文】

天薄我以福，吾厚吾德以迓之；天劳我以形，吾逸吾心以补之；天厄我以遇，吾亨吾道以通之。天且奈我何哉？

【译文】

上天不给我很多的福分，我就多多积德来培养我的福分；上天让我身体劳乏，我就保持安逸的精神来保养自己的身体；上天让我的生活陷入困境，我就虔心修道来走出困境。我能做到以上几点，上天还能对我怎么样呢？

九十二

【原文】

贞士无心徼福，天即就无心处牖其衷；险人着意避祸，天即就着意中夺其魄。可见天之机权最神，人之智巧何益。

【译文】

志节忠贞的人不花心思为自己求福，可是上天却因他的无心而诱导他得到福祉；阴险邪恶的人用尽心机逃避灾难，可是上天却因他的有意而夺去他的精神魄力使他蒙受灾祸。由此可见，上天的玄机极其奥妙，神奇无比，人类的智谋机巧在上天面前实在是无计可施了。

注：牖：通“诱”，诱导，保佑，庇护。

九十三

【原文】

平民肯种德施惠，便是无位的公相；士夫徒贪权市宠，竟成有爵的乞人。

【译文】

一个老百姓如果愿意积善德、施恩惠，就是一个没有官位的公卿宰相；一个达官贵人如果一味贪恋权势、邀功争宠，竟成了一个有官位的乞丐。

九十四

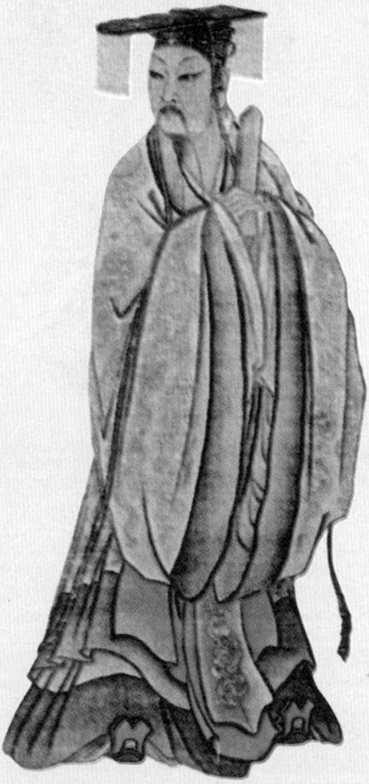

【原文】

问祖宗之德泽，吾身所享者是，当念其积累之难；问子孙之福祉，吾身所贻者是，要思其倾覆之易。

【译文】

如果要问我们的祖先给我们留下的恩泽有多少，只要看我们所享受幸福的厚薄多少就可以知道，要体念祖先为我们当初积累恩泽的艰难；如果要问我们的子孙将来能不能享有幸福，只要看我们所留下的恩泽的多少就可以知道，因此我们要考虑到留下的恩泽不多，子孙们就很容易遭受家业衰败的厄运。

九十五

【原文】

家人有过，不宜暴怒，不宜轻弃。此事难言，借他事隐讽之；今日不悟，俟来日再警之。如春风解冻，如和气消冰，才是家庭的型范。

【译文】

自己家里的人犯了错误，不能随便大发脾气，也不该轻易放过而就此不管。难以直接说明的错误，就用其他事情的比喻来规劝和暗示；如果他当时不能悔悟，就要耐心地等到以后再进行劝告。就像和煦的春风能让冬天的寒冷消解，像温暖的气流能融化凝结的冰一样。这样的家庭才算是幸福和快乐家庭的典范。

九十六

【原文】

此心常看得圆满，天下自无缺陷之世界；此心常放得宽平，天下自无险侧之人情。

【译文】

一个人如果能胸怀一颗圆满善良的心灵，那么世界就在他眼中变得美好而没有缺陷；一个人如果能胸怀一颗宽大仁厚的心灵，那么他就不会感受到险恶不和的人情了。

九十七

【原文】

淡泊之士，必为浓艳者所疑；检饬之人，多为放肆者所忌。君子处此，固不可少变其操履，亦不可太露其锋芒。

【译文】

一个淡泊名利又有才能的人，一定会受到那些热衷名利的人的猜疑；一个刚正不阿的真君子，也常常会被那些肆无忌惮、邪恶放纵的人嫉妒。君子处在这种被猜疑又被嫉妒的环境中，固然不可以稍稍改变自己的操守，也绝对不可以过度显露自己的才华和节操。

九十八

【原文】

居逆境中，周身皆针砭药石，砥节砺行而不觉；处顺境内，眼前尽兵刃戈矛，销膏靡骨而不知。

【译文】

人处在不顺利的环境中，在自己的周围就好像都是一些针砭药石，在不知不觉中磨练我们的意志和品德；人处在顺利的环境中，就像眼前都是刀剑戈矛，在不知不觉中伤害了我们胸骨和心脏，让我们走向堕落。

九十九

【原文】

生长富贵丛中的，嗜欲如猛火，权势似烈焰。若不带些清冷气味，其火焰不至焚人，必将自烁矣。

【译文】

生长在富贵家庭中的人，对欲望的满足、对权势的追求就像一团熊熊燃烧的火焰，如果不加点清凉的气息，那么即使火焰不烧伤别人，也一定会把自己烧伤。

一百

【原文】

人心一真，便霜可飞，城可陨，金石可镂。若伪妄之人，形骸徒具，真宰已亡，对人则面目可憎，独居则形影自愧。

【译文】

人的心灵如果完全真诚，就可以使五月下霜、使城墙倒塌、使金石贯穿。而一个人如果虚伪狂妄，空有一副躯壳，真正的心灵早就丧失了，那么他的面目必然会令人厌恶，就是独自一人时也会为自己的行为惭愧。

注：霜可飞：《淮南子》记载：燕国大臣邹衍蒙冤下狱，他仰天大哭，五月天竟下了霜。城可陨：《古今注》言，孟姜女丈夫死去，她仰天而哭，城墙为此倒塌。镂：雕刻。真宰：指人的灵魂。

一百〇一

【原文】

以幻境言，无论功名富贵，即肢体亦属委形；以真境言，无论父母兄弟，即万物皆吾一体。人能看得破，认得真，才可以任天下之负担，亦可脱世间之缰锁。

【译文】

从虚幻的现象来看，不只功名富贵是假象，就连四肢五官也都是上天借给的躯壳；从真实的境界来看，不只父母兄弟不是外人，就是万事万物也和我同为一体。所以，人要看得透彻，认得真切，才可以担负天下的重任，也可以摆脱世间功名利禄的束缚。

一百〇二

【原文】

爽口之味，皆烂肠腐骨之药，五分便无殃；快心之事，悉败身丧德之媒，五分便无悔。

【译文】

可口的美味其实都是伤害身体的毒药，只吃五分才没有伤害；令人高兴的事其实都是引人身败名裂的媒介，只做五分才不至于将来追悔莫及。

一百〇三

【原文】

不责人小过，不发人阴私，不念人旧恶！三者可以养德，亦可以远害。

【译文】

不责备别人的小错，不揭露别人的隐私，不记住和别人的旧仇。这三点可以培养人的品德，也可以使人避免意外的灾祸。

一百〇四

【原文】

士君子持身不可轻，轻则物能挠我，而无悠闲镇定之趣；用意不可重，重则我为物泥，而无潇洒活泼之机。

【译文】

君子做人不可轻率，轻率会被外物阻碍困扰，失去了悠闲镇静的乐趣。做事不要太执着，太执着就会被外物左右，失去潇洒活泼的乐趣。

注：泥：拘泥，约束。

一百〇五

【原文】

天地有万古，此身不再得；人生只百年，此日最易过。幸生其间者，不可不知有生之乐，亦不可不怀虚生之忧。

【译文】

天地可以万古常在，人却不能再活一次。人生只有一百年，时间很容易过去。有幸能生于天地之间的人，不能不认知生活的乐趣，也不能不忧虑自己会虚度时光。

一百〇六

【原文】

怨因德彰，故使人德我，不若德怨之两忘；仇因恩立，故使人知恩，不若恩仇之俱泯。

【译文】

怨恨是因为有善行而更加明显，所以与其让人感激我，还不如把别人对我的感激和怨恨全都忘却。因为有恩惠才有仇恨，所以与其让别人知道我的恩惠，还不如把恩仇全都忘掉。

一百〇七

【原文】

老来疾病，都是壮时招的；衰后罪孽，都是盛时造的。故持盈履满，君子尤兢兢焉。

【译文】

年老时得的病，都是年轻时不小心造成的。失意时遭受的灾难，都是得意时不检点造成的。所以君子事业成功生活美满时，还是小心翼翼。

注：持盈履满：保守成业。兢兢：小心谨慎的样子。

一百〇八

【原文】

市私恩，不如扶公议；结新知，不如敦旧好；立荣名，不如种隐德；尚奇节，不如谨庸行。

【译文】

与其收买人心，还不如赢得公众的好评；与其结交新人，还不如加深与老朋友之间的友情；与其标榜名声，不如暗中积善；与其追求奇功，还不如注意平时的一言一行。

一百〇九

【原文】

公平正论，不可犯手，一犯则贻羞万世；权门私窦，不可著脚，一著则玷污终身。

【译文】

凡是公众们共同遵守的道德规范和法律，不可以轻易去冒犯，一旦冒犯，就会留下千秋万载令人含羞的恶名；凡是权贵营私舞弊的地方，不可以轻易踏进去，一旦踏进，就会沾染上洗刷不尽的臭名。

注：犯手：触犯。贻：留下。私窦：后门。窦，洞。

一百一十

【原文】

小处不渗漏，暗处不欺隐，末路不怠荒，才是个真正英雄。

【译文】

在细微末节的小事情上，不粗心大意、疏忽遗漏；在别人看不到的地方也不做什么见不得人的事情；在自己失意潦倒的时候，不丧失自己的进取之心，这样才能算是真正的英雄好汉。

一百一十一

【原文】

千金难结一时之欢，一饭竟致终身之感。盖爱重反为仇，薄极翻成喜也。

【译文】

用千金家财来馈赠他人，有时也难以打动人家的心，相反有时候只是接济别人一顿饭，却能得到别人对你终身感激之情。这就是说过分的关爱很容易变成仇恨，而一点小小的恩惠反而容易讨人欢心。

一百一十二

【原文】

衰飒的景象就在盛满中，发生的机缄即在零落内。故君子居安宜操一心以虑患，处变当坚百忍以图成。

【译文】

凡是衰败萧瑟的景象往往很早就在一片繁华的盛况之中隐藏着；凡是草木的蓬勃生机也早就孕育在换季的凋零时刻。所以一个聪明有德的人应当在自己处在顺境中平安无事时，就要有防患于未然的一些考虑，而当自己处在动乱和灾祸中时，也要用坚忍不拔的精神策划未来事业的最后成功。

一百一十三

【原文】

惊奇喜异者，无远大之识；苦节独行者，非恒久之操。

【译文】

喜欢标新立异，行为怪诞不经的人，必然不会有高深的学问和远大的见识；一个刻苦潜修、特立独行的人，也必然没有长久不变的操守。

一百一十四

【原文】

当怒火欲水正腾沸处，明明知得，又明明犯着。知的是谁？犯的又是谁？此处能猛然转念，邪魔便为真君矣。

【译文】

当一个人怒火中烧或欲火升腾的时候，人往往不能克制自己，虽然他自己明知道这样做是不对，但又偏偏去违犯。知道这个道理的是谁，明知故犯的又是谁？如果这时能够冷静下来，猛然改变念头觉悟了，那么邪恶的魔鬼就成了善良的圣人。

一百一十五

【原文】

遇沉沉不语之士，且莫输心；见悻悻自好之人，应须防口。

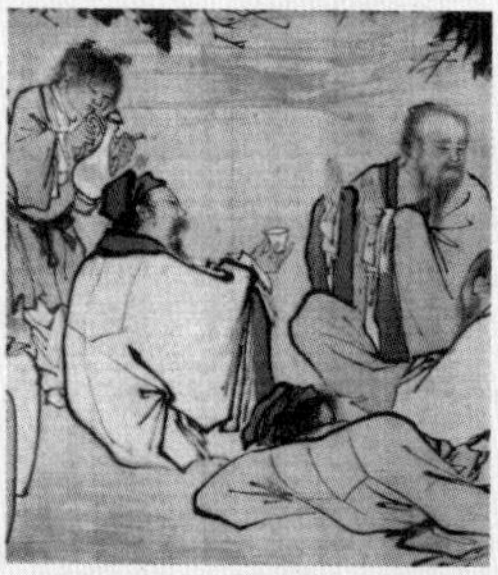

【译文】

遇到表情阴沉不说话的人，暂时不要急着和他坦诚相交、推心置腹；而遇到一个高傲的自以为是的人，就要谨慎自己的言谈。

注：输心：付出真心。悻悻：聪明机警。

一百一十六

【原文】

念头昏散处，要知提醒，念头吃紧时，要知放下；不然恐去昏昏之病，又来憧憧之扰矣。

【译文】

当头脑昏沉、心绪散乱时，要提醒自己平静下来清醒一下自己的头脑；当工作忙碌情绪紧张时，要懂得暂时放下工作，以便使自己的情绪恢复安定。要不然好容易才克服了昏乱的毛病，又惹来了心神恍惚的困扰。

注：憧憧：摇摆不定的样子。

一百一十七

【原文】

霁日青天，倏变为迅雷震电；疾风怒雨，倏转为朗月晴空。气机何尝一毫凝滞，太虚何尝一毫障塞，人之心体，亦当如是。

【译文】

晴朗无云的天空，忽然间会变得电闪雷鸣；疾风暴雨的天气，忽然间又万里晴空。大自然的力量何曾有一丝一毫的停滞，广阔天空又何曾能被遮蔽阻塞，人的心灵也应和大自然一样自然运转，不被名利所阻碍。

一百一十八

【原文】

胜私制欲之功，有曰：识不早，力不易者；有曰：识得破，忍不过者。盖识是一颗照魔的明珠，力是一把斩魔的慧剑，两不可少也。

【译文】

对于战胜自己私心和克制自己欲念的功夫，有的人说是没有发现，自己的意志力因此

无法克服；有的人说是明知欲念的害处，却又忍受不了它的诱惑。因为一个人的见识是一颗照出邪魔的明珠，意志力是一把能斩除邪魔的利剑，要想克制自己的欲念，见识和意志力是缺一不可的。

一百一十九

【原文】

横逆困穷，是锻炼豪杰的一副炉锤，能受其锻炼，则身心交益，不受其锻炼，则身心交损。

【译文】

横逆、灾难、困苦的环境就像是锻炼英雄豪杰的熔炉，只要能够承受这种锻炼的人，他的身心就会得到这种好处。相反，受不到这种锻炼的人，他的身心都会受到损害。

一百二十

【原文】

害人之心不可有，防人之心不可无，此戒疏于虑也。宁受人之欺，勿逆人之诈，此警惕于察也。二语并存，精明而浑厚矣。

【译文】

不可以存有害人的念头，也不可以没有防人的心思，这是用来告诫那些思虑不周警惕性不高的人；宁可受到别人的欺负，也不要去揣摩别人的机诈之心，这是用来告诫那些过分小心提防的人；如果与人交往中能够做到这两句话，那才算是警惕性高又不失纯朴宽厚了。

一百二十一

【原文】

毋因群疑而阻独见，毋任己意而废人言，毋私小惠而伤大体，毋借公论以快私情。

【译文】

不要因为大多数人的猜疑而影响了自己的见解，不要固执己见而不肯听从别人的忠实良言，不要为了自己的小利益而伤害了大多数人的利益，不要借公众的舆论来满足自己的私欲。

一百二十二

【原文】

善人未能急亲，不宜预扬，恐来谗谮之奸；恶人未能轻去，不宜先发，恐遭媒孽之祸。

【译文】

要想结交一个有修养的人，不必急着和他亲近，不要事先宣扬他的美德，以免遭到坏人的谗言和中伤；要想摆脱一个心地险恶的人，不要轻率地打发他走，不要先揭发他的恶行，以免遭到他的诬陷和报复。

注：谗谮：说坏话。媒孽：预谋陷害。媒孽，本意指用来酿酒的酒母、大曲。

一百二十三

【原文】

青天白日的节义，自暗室漏屋中培来；旋乾转坤的经纶，自临深履薄处操出。

【译文】

大凡一种青天白日般高洁的节操义举，都是在一种十分艰苦的环境中培养出来的；大凡一种扭转局势的雄才伟略，都是在令人战战兢兢的险境中锻炼出来的。

一百二十四

【原文】

父慈子孝，兄友弟恭，纵做到极处，俱是合当如此，著不得一丝感激的念头。如施者任德，受者怀恩，便是路人，便成市道矣。

【译文】

父母对子女的慈爱，子女对父母的孝敬，哥哥姐姐对弟弟妹妹的爱护，弟弟妹妹对哥哥姐姐的尊敬等等，这些即使做到最完美的境界，也只是应该如此，彼此之间用不着存在感激的念头。如果施恩的人自以为是恩人，接受的人抱着感恩图报的想法，那么彼此之间的关系就像路上的陌生人一样，把真挚的骨肉之情变成了一种市井交易。

一百二十五

【原文】

有妍必有丑为之对，我不夸妍，谁能丑我？有洁必有污为之仇，我不好洁，谁能污我？

【译文】

天地间的事物，有美丽的地方就必定有丑陋的地方和它相对，只要我不自夸自己的美丽，又有谁会说我丑呢？有洁净的地方就必定会有污秽的地方和它相对，只要我不自夸自己的洁净，又有谁能来说我污秽呢？

一百二十六

【原文】

炎凉之态，富贵更甚于贫贱；妒忌之心，骨肉尤狠于外人。此处若不当以冷肠，御以平气，鲜不日坐烦恼障中矣。

【译文】

人情的冷暖世态的炎凉，在富贵人家比起贫贱的人家表现得更为鲜明；嫉妒、猜疑的心理，在亲骨肉之间比起和外人之间更为厉害。在这种情况下，如果不用冷静态度、平和心理来解决的话，那就会整日处在烦恼中了。

注：烦恼障：佛家认为贪、痴、疑等邪念都会令人产生烦恼，都是涅槃的障碍，故称“烦恼障”。

一百二十七

【原文】

功过不容少混，混则人怀惰隳之心；恩仇不可太明，明则人起携贰之志。

【译文】

对部下的过失和功劳不可以有一点含混，如果含混不清就会让人产生苟且怠惰的心理；一个人对于恩惠和仇恨，不可以表现得过于分明，太分明就会使人产生疑心而发生叛离的事情。

注：惰隳：疏懒丧志。携贰：怀有二心。

一百二十八

【原文】

爵位不宜太盛，太盛则危；能事不宜尽毕，尽毕则衰；行谊不宜过高，过高则谤兴而毁来。

【译文】

官最好不要做得太大，太大就有遭到人家嫉妒而使自己陷于困境的危险；能做得很好的事也不要做得太完美了，太完美了就会使自己走向衰败的下场；言行不可以太高出别人，高出别人太多就会受到人的中伤而毁坏了名誉。

一百二十九

【原文】

恶忌阴，善忌阳，故恶之显者祸浅，而隐者祸深；善之显者功小，而隐者功大。

【译文】

做坏事最忌讳的是隐藏不让人知道，做好事最怕的是到处宣扬，因为显而易见的坏事所造成的灾祸小，而不为人知的坏事所造成的灾祸会大；显而易见的善事所积的功德小，而在暗中默默行善的功德才会大。

一百三十

【原文】

德者才之主，才者德之奴。有才无德，如家无主而奴用事矣，几何不魍魉猖狂？

【译文】

品德应是一个人才能的主宰，才能应是一个人品德的奴婢；如果一个人只有才能而缺乏品德，就好像一个家庭没有主人而奴婢当家，这样哪有不胡作非为、放纵嚣张的呢？

一百三十一

【原文】

锄奸杜幸，要放他一条去路。若使这一无所容，譬如塞鼠穴者，一切去路都塞尽，则一切好物俱咬破矣。

【译文】

要想铲除杜绝那些邪恶奸诈之人，就要给他们一条改过自新、重新做人的路径；如果使他们走投无路、无立锥之地，就好像堵塞老鼠洞一样，一切进出的道路都堵死了，一切好的东西也都被咬坏了。

一百三十二

【原文】

当与人同过，不当与人同功，同功则相忌；可与人共患难，不可与人共安乐，安乐则相仇。

【译文】

应该勇于和别人共同承担过失，不应当和别人共同享受功劳，共享功劳就会引起彼此的猜忌；应该和别人共同度过艰难困苦，不该和别人共同享受安乐，共享安乐会造成互相仇恨。

一百三十三

【原文】

士君子贫不能济物者，遇人痴迷处，出一言提醒之；遇人急难处，出一言解救之，亦是无量功德。

【译文】

有学问有节操的人，如果贫穷得无法用物质去接济他人，当遇到别人为某件事执迷不悟时，能去指点他提醒他，当遇到别人发生危急困难时，能为他说几句公道的话或安慰的话，使他解脱困苦，也算是无限的大功德。

一百三十四

【原文】

饥则附，饱则飏，燠则趋，寒则弃，人情通患也。

【译文】

饥饿潦倒时就去投靠人家，丰富饱足时就远走高飞，看到人家富贵就去巴结，看到人家贫寒就掉头而去，这是一般人都会有的通病。

一百三十五

【原文】

君子宜净拭冷眼，慎勿轻动刚肠。

【译文】

一个有才学品德的人，要以冷静的态度来面对事物，要小心不要轻易地表露自己刚直的心肠。

一百三十六

【原文】

德随量进，量由识长，故欲厚其德，不可不弘其量；欲弘其量，不可不大其识。

【译文】

人的道德是随着气量而增长的，人的气量又是随着人的见识而增长的。所以要想增长自己的品德，就不可不使自己的气量更宏大；要想使自己的气量更宏大，不可不扩展自己的多方见识。

一百三十七

【原文】

一灯萤然，万籁无声，此吾人初入宴寂时也；晓梦初醒，群动未起，此吾人初出混沌处也。乘此而一念回光，炯然返照，始知耳目口鼻皆桎梏，而情欲嗜好悉机械矣。

【译文】

一盏微弱的灯光，寂静而无声的夜晚，这是人们正要入睡的时候；清晨从梦中醒来，万物还没有苏醒，这是人们刚从朦胧的梦境中走出来。如果能利用这一刻来澄清自己的内心，来反省自身的一切，便会明白耳目口鼻是束缚我们心智的枷锁，而情欲爱好都是使我们堕落的机器。

注：群动：各种东西。

一百三十八

【原文】

反己者，触事皆成药石；尤人者，动念即是戈矛。一以辟众善之路，一以浚诸恶之源，相去霄壤矣。

【译文】

一个能随时反省自己的人，平时能接触到的事物都能成为修身养性的良药；一个在各方面都怨天尤人的人，他心中的念头像是会伤人的戈矛一样。前者是用来开辟无数善行的道路，后者是走向罪恶的源渊，两者有如天壤之别。

一百三十九

【原文】

事业文章随身销毁，而精神万古如新；功名富贵逐世转移，而气节千载一日。君子信不当以彼易此也。

【译文】

事业和文章都会随着人的死亡而消失，但圣贤的精神却可以亘古不变；功名利禄和荣华

富贵都会随着时代的变换而转移，但义士的气节却可以万古不朽。所以，一个真正的君子是不可以用一时的事业功名来换取永恒的精神气节的。

一百四十

【原文】

鱼网之设，鸿则罹其中；螳螂之贪，雀又乘其后。机里藏机，变外生变，智巧何足恃哉？

【译文】

设置鱼网是为了捕鱼，鸿雁却落网被捉住；螳螂贪吃眼前的蝉，却不知黄雀已在它身后伺机而动。玄机里暗藏玄机，变化之外还会再生变化，人的智慧和计谋怎么能够凭恃呢？

一百四十一

【原文】

作人无点真恳念头，便成个花子，事事皆虚；涉世无段圆活机趣，便是个木人，处处有碍。

【译文】

做人如果没有一点真实诚恳的念头，就会成为一个华而不实的人，无论任何事情都会做得很虚假；处世如果没有一点圆通灵活和随机应变的趣味，就成了一个没有生命的木头人，无论做任何事情都会碰到障碍。

一百四十二

【原文】

水不波则自定，鉴不翳则自明，故心无可清，去其混之者，而清自现；乐不必寻，去其苦之者，而乐自存。

【译文】

水不兴波作浪就会自然安定，没有灰尘遮蔽的镜子自然是明净的，所以人的心灵没有什么需要刻意清洁的，只要去除心中的杂念，清纯的心灵自然会呈现；快乐不需要去刻意寻找，只要心中排除了一切痛苦和烦恼，快乐自然就会存在了。

一百四十三

【原文】

有一念而犯鬼神之禁，一言而伤天地之和，一事而酿子孙之祸者，最宜切戒。

【译文】

如果有一个邪恶的念头会触犯鬼神的禁忌，如果说一句话会伤害天地人世的祥和，如果做一件事会给子孙后代造成灾祸，那么这句话、这件事都是我们需要警戒的。

一百四十四

【原文】

事有急之不白者，宽之或自明，毋躁急以速其忿；人有操之不从者，纵之或自化，毋操切以益其顽。

【译文】

有些事情越是急着想弄清楚，就越是弄不清楚，这时就暂时缓和心情，或许头脑冷静就会自然明白，不要过度急躁使事情变得更加纷乱；有些人就是不愿听从指挥，这时就放纵他或者让他自由发展，或许他就能够自然觉悟，不要太急切，以免增强他的顽固。

一百四十五

【原文】

节义傲青云，文章高白雪，若不以德性陶熔之，终为血气之私，技能之末。

【译文】

节操和义气足以胜过高官厚禄，生动感人的文章足以胜过白雪名曲，然而不用高深的道德来陶冶锻炼它们的话，节操和义气终究只能算是一时的意气用事，感人的文章也只能算是微不足道的小技。

一百四十六

【原文】

谢世当谢于正盛之时，居身宜居于独后之地。

【译文】

引退要在自己事业处在鼎盛的时候，这样才能使自己有一个完满的结局；处身应在与人无争的地方，这样才可能真正地修身养性。

一百四十七

【原文】

谨德须谨于至微之事，施恩务施于不报之人。

【译文】

人要加强品德修养须在细微末节上下功夫，要施恩行善就要给那些不能报答自己的人。

一百四十八

【原文】

交市人不如友山翁；谒朱门不如亲白屋；听街谈巷语，不如闻樵歌牧咏；谈今人失德过举，不如述古人嘉言懿行。

【译文】

与其和市井商人结交还不如和山野老翁来往；与其进出权贵之家还不

如和贫民百姓亲近；与其听街坊邻居的流言蜚语，还不如听樵夫的民谣和牧童的山歌；与其议论现代人的错误过失，还不如传述古人的善言美行。

一百四十九

【原文】

德者事业之基，未有基不固而栋宇坚久者。

【译文】

高尚的品德是一个人事业的基础，这就像盖房子一样，如果没有坚实的地基，就不可能修建坚固而耐用的房屋。

一百五十

【原文】

心者后裔之根，未有根不植而枝叶荣茂者。

【译文】

我们善良的心地是后代子孙的根本，这就像栽花种树一样，如果不把根须埋在泥土里，就不可能有繁花似锦、枝叶茂盛的景象。

一百五十一

【原文】

前人云："抛却自家无尽藏，沿门持钵效贫儿。"又云："暴富贫儿休说梦，谁家灶里火无烟？"一箴自昧所有，一箴自夸所有，可为学问切戒。

【译文】

从前的人说："抛弃自己家里无穷宝藏，效仿乞丐拿着饭碗沿街乞讨。"又说："突然发财的人不要信口胡说，有谁家里的炉灶只会生火不会冒烟？"这两句话，一则是规劝那些蔑视自己的所有的人，一则是忠告那些夸耀自己的人，也是做学问的人应当警惕的事情。

一百五十二

【原文】

道是一重公众物事，当随人而接引；学是一个寻常家饭，当随事而警惕。

【译文】

人生的道理是一件人人都可以追求的事情，应该随着个人的性情来加以引导；做学问就像每个人吃的家常便饭一样普遍，应该随着事情的变化而有所戒慎和警惕。

一百五十三

【原文】

信人者，人未必尽诚，己则独诚矣；疑人者，人未必皆诈，己则先诈矣。

【译文】

能够相信别人的人，别人不一定都会以诚相待，但至少自己是诚实的；一个常怀疑别人的人，别人不一定都是虚伪狡诈的，但至少自己已经做了欺诈之人了。

一百五十四

【原文】

念头宽厚的，如春风煦育，万物遭之而生；念头忌刻的，如朔雪阴凝，万物遭之而死。

【译文】

一个心怀宽大仁厚的人，就像温暖和煦的春风，能够化育万物，给万物带来勃勃生机；一个心胸狭窄待人刻薄的人，就像寒冷的冰雪，万物遭到它的摧残，都枯萎凋零。

一百五十五

【原文】

为善不见其益，如草里冬瓜，自应暗长；为恶不见其损，如庭前春雪，当必潜消。

【译文】

做好事不能立刻就看到它的益处，就像草里生长的冬瓜，自然会在暗中长大；一个人做坏事表面上看不出有什么害处，但是那害处就像春天庭院里的积雪，必然会慢慢地融化。

一百五十六

【原文】

遇故旧之交，意气要愈新；处隐微之事，心迹宜愈显；待衰朽之人，恩礼当愈隆。

【译文】

遇到多年不见的老朋友，情意要更加真诚，气氛要更加热烈；处理机密的事情，态度要更加光明磊落，要心怀公正；对待衰落的人，礼节要更加恭敬，照顾要更加周到。

一百五十七

【原文】

勤者敏于德义，而世人借勤以济其贫；俭者淡于货利，而世人假俭以饰其吝。君子持身之符，反为小人营私之具矣，惜哉！

【译文】

勤奋的人应该努力培养自己的德性和义理，可是世上的人偏偏凭借勤奋来济助自己的贫穷；节俭的人应该对财货利益保持淡泊，可是世上的人偏偏借助节俭来掩饰吝啬。勤奋和节俭本来是君子修身养性的标准，却反而成了市井小人用来营私求利的工具。真是可惜啊！

一百五十八

【原文】

凭意兴作为者，随作则随止，岂是不退之轮？从情识解悟者，有悟则有迷，终非常明之灯。

【译文】

一个只凭一时的意气、兴趣做事的人，随时会开始做，也会随时停止做，哪能像车轮一样的勇往直前；一个只从感情意识中领悟道理的人，有时会清醒，有时会迷惑，终究无法像智慧之灯一样永远光明。

一百五十九

【原文】

人之过误宜恕，而在己则不可恕；己之困辱宜忍，而在人则不可忍。

【译文】

对于别人的过失和错误应该宽恕，而对待自己的过失和错误却不能宽恕；对于自身的困境和屈辱应该忍受，但在别人遇到困境屈辱时，就不该袖手旁观、忍心不顾。

一百六十

【原文】

能脱俗便是奇，作意尚奇者，不为奇而为异；不合污便是清，绝俗求清者，不为清而为激。

【译文】

能够超凡脱俗的人是奇人，故意标新立异的不是奇人而是怪人。不肯同流合污的人就是清高的人，故意违背常情以表示自己清高的人，不是清高而是偏激。

一百六十一

【原文】

恩宜自淡而浓，先浓后淡者，人忘其惠；威宜自严而宽，先宽后严者，人怨其酷。

【译文】

给别人以恩惠应该从淡薄到浓厚，如果开始浓厚、后来淡薄，人们就会忘记他的恩惠。树立威仪应该对人从严到宽，如果先宽厚待人后来反而严厉，人们就会怨他冷酷。

一百六十二

【原文】

心虚则性现，不息心而求见性，如拨波觅月；意净则心清，不了意而求明心，如索镜增尘。

【译文】

心中空灵本性就会显现，如果不平息功名利

禄之心就想见到本性，就像拨开水波去寻找月亮一样；思想纯洁心灵就会清明，如果不清除物欲就希望内心清明，就像在布满灰尘的镜子上看自己的形象。

一百六十三

【原文】

我贵而人奉之，奉此峨冠大带也；我贱而人侮之，侮此布衣草履也。然则原非奉我，我胡为喜？原非侮我，我胡为怒？

【译文】

当我富贵时，人们奉承我，他们是奉承这顶高高的官帽和宽大的绶带；我地位低下时，别人侮辱我，他们是在侮辱这身粗劣的布衣和草鞋。但是，他们奉承的本来就不是我，我为什么要高兴？他们侮辱的也本来就不是我，我为什么要生气？

一百六十四

【原文】

“为鼠常留饭，怜蛾不点灯。”古人此等念头，是吾人一点生生之机。无此，便所谓土木形骸而已。

【译文】

常为老鼠留一点饭不让它饿死，怕飞蛾扑火烧死尽量避免点灯。古人的这类想法，是我们生生不息的契机。如果没有这种想法，就和泥土、树木没有什么区别了。

一百六十五

【原文】

心体便是天体：一念之喜，景星庆云；一念之怒，震雷暴雨；一念之慈，和风甘露；一念之严，列日秋霜；何者少得？只要随起随灭，廓然无碍，便与太虚同体。

【译文】

心就是宇宙一样的本体，一个高兴的念头闪过，就像天空出现了吉星祥云；一个愤怒的念头出现，就像是一场大雷雨；慈悲的念头就像春风雨露滋润万物；严厉的念头，就像烈日灼人秋霜寒冷。哪一种感情少得了？只要这些情绪能随时消失不成为障碍，就可以和天地一体了。

注：景星：代表吉祥的星名。

一百六十六

【原文】

无事时，心易昏冥，宜寂寂而照以惺惺；有事时，心易奔逸，宜惺惺而主以寂寂。

【译文】

无事可做的时候，心思容易昏沉迷乱，这时应该在沉静中保持精明；有事的时候，心容易忙乱，应该在精明中保持冷静。

一百六十七

【原文】

议事者身在事外，宜悉利害之情；任事者身居事中，当忘利害之虑。

【译文】

评论事情的人处在旁观者的身份，应该多了解事情的利害得失；当事人处在事情中，应当忘记个人利害得失，才能冷静。

一百六十八

【原文】

士君子处权门要路，操履要严明，心气要和易，毋少随而近腥膻之党，亦毋过激而犯蜂虿之毒。

【译文】

一个正直有修养的人身居要职时，道德行为要严明，态度要平易和蔼，不要过于随和，接近那些不正派的人，也不要太偏激，去触怒那些恶毒的小人。

注：操履：节操和行事。腥膻之党：品行恶

劣的小人。蜂虿：比喻人心险恶。虿，毒虫名。

一百六十九

【原文】

标节义者，必以节义受谤；榜道学者，常因道学招尤。故君子不近恶事，亦不立善名，只浑然和气，才是居身之珍。

【译文】

喜欢标榜自己有节操讲道义的人，一定因为他的有节义而受到别人的诽谤；标榜自己有道德学问的人，常常因为道德学问而受到责难。所以君子不去做坏事，也不去立好名声，只是保持一种自然温和的态度，这才是处世的法宝。

一百七十

【原文】

遇欺诈之人，以诚心感动之；遇暴戾之人，以和气薰蒸之；遇倾邪私曲之人，以名义气节激励之，天下无不入我陶冶中矣。

【译文】

遇到爱欺骗别人的人，就用诚心感动他；遇到残暴的人，就用和气来熏陶他；遇到邪恶自私的人，就用名节来激励他，那么天下人都会被我感化了。

注：薰蒸：感化。

一百七十一

【原文】

一念慈祥，可以酝酿两间和气；寸心洁白，可以昭垂百代清芬。

【译文】

心怀慈悲，就可以使天地间充满和气；心地清白，可以使百年之后流传你的美德。

一百七十二

【原文】

阴谋怪习，异行奇能，俱是涉世的祸胎。只一个庸德庸行，便可以完混沌而招和平。

【译文】

阴谋诡计、特别的习惯、奇异的本领和行为，都是处世中招祸的根源。只要品行平庸，就可以保住本性带来平静的生活。

一百七十三

【原文】

语云："登山耐侧路，踏雪耐危桥。"一"耐"字极有意味。如倾险之人情，坎坷之世道，若不得一耐字撑持过去，几何不堕入榛莽坑堑哉。

【译文】

俗话说："登山耐侧路，踏雪耐危桥。"这里的一个"耐"字用得很有意味。像险恶的人情、坎坷的世路，如果没有这个忍耐支撑过去，早就掉进杂草丛生的深沟里。

一百七十四

【原文】

夸逞功业，炫耀文章，皆是靠外物做人。不知心体莹然，本来不失，即无寸功只字，亦自有堂堂正正做人处。

【译文】

夸耀自己的功业、炫耀自己的文章都是靠身外的东西来做人。却不知道心是纯洁的，只要保持本性，即使没有一点功劳、没有一篇文章，也可以堂堂正正做人。

一百七十五

【原文】

忙里要偷闲，须先向闲时讨个把柄；闹中要取静，须先从静处立个主宰。不然，未有不因境而迁，随时而靡者。

【译文】

想要忙里偷闲，要先在清闲时做好准备；要在闹中取静，必须在平静时做好安排。不然，一遇到具体情形就会手忙脚乱。

一百七十六

【原文】

不昧己心，不尽人情，不竭物力；三者可以为天地立心，为生民立命，为子孙造福。

【译文】

不昧自己的良心，不排斥人之常情，不用尽物资；有了这三点就能够在天地树立心性，为民众创造命脉，为子孙后代造福。

一百七十七

【原文】

居官有二语，曰："唯公则生明，唯廉则生威。"居家有二语，曰："唯恕则情平，唯俭则用足。"

【译文】

做官有两句格言说："只有公正才能清明，只有廉洁才有威严。"家庭生活中有两句格言说："只有宽恕才能使气氛平和，只有节俭才能使资财够用。"

一百七十八

【原文】

处富贵之地，要知贫贱的痛痒；当少壮之时，须念衰老的辛酸。

【译文】

富贵的时候要了解贫穷卑贱的人的痛苦；年轻的人要理解衰老的人的辛酸。

一百七十九

【原文】

持身不可太皎洁，一切污辱垢秽，要茹纳得；与人不可太分明，一切善恶贤愚，要包容得。

【译文】

做人不要太清高，所有的污垢和羞辱都要容忍得下；与人交往不要太明白，所有好坏善恶的人都要容纳得下。

一百八十

【原文】

休与小人仇雠，小人自有对头；休向君子谄媚，君子原无私惠。

【译文】

不要和小人结仇，小人自有他的冤家对头；不要向君子谄媚，君子本来就没有个人利益。

注：仇雠：结怨。

一百八十一

【原文】

纵欲之病可医，而势理之病难医；事物之障可除，而义理之障难除。

【译文】

放纵欲望的毛病可以医治，但固执己见的毛病却难医治；一般事物的障碍可以除去，但义理所造成的障碍难以消除。

一百八十二

【原文】

磨砺当如百炼之金，急就者，非邃养；施为宜似千钧之弩，轻发者，无宏功。

【译文】

修身养性要像千锤百炼的真金一样，急就的人不会有深厚的修养；行事作为要像拉千斤的强弓一样，轻易发射的人得不到宏大的功效。

一百八十三

【原文】

宁为小人所忌毁，毋为小人所媚悦；宁为君子所责备，毋为君子所包容。

【译文】

宁愿受到小人的忌恨毁谤，也不要受到小人的谄媚取悦；宁愿受到君子的责备，也不要受到君子的宽容包涵。

一百八十四

【原文】

好利者逸出于道义之外，其害显而浅；好名者窜入于道义之中，其害隐而深。

【译文】

贪图利益的人，所作所为逾越道义之外，所造成的伤害虽然明显但不深远；而喜好名誉的人，他的言行都隐藏在道义之中，所造成的伤害虽然不明显却都很深远。

一百八十五

【原文】

受人之恩，虽深不报，怨则浅亦报之。闻人之恶，虽隐不疑，善则显亦疑之。此刻之极，薄之尤也，宜切戒之。

【译文】

受到别人的恩惠，虽然深厚却不去报答，而受到别人的怨怒，虽然只有一点也要去报复；听到别人的坏事，虽不明显却坚信不疑，而听到别人的好事，虽然已经很明显却仍然怀疑。这实在是刻薄到了极点，应该切实加以戒除。

一百八十六

【原文】

谗夫毁士，如寸云蔽日，不久自明；媚子阿人，似隙风侵肌，不觉其损。

【译文】

造谣进谗毁谤别人，就像一片薄云遮蔽了太阳，不久之后太阳会重现光芒；谄媚奉承别人，就像从缝隙吹来的风侵袭肌肤，人们不会感受到它的伤害。

一百八十七

【原文】

山之高峻处无木，而溪谷回环则草木丛生；水之湍急处无鱼，而渊潭停蓄则鱼鳖聚集。此高绝之行，褊急之衷，君子重有戒焉。

【译文】

山高险峻的地方往往不会生长树木，而河谷环绕的地方却会草木茂盛；水流湍急的地方往往没有鱼，而潭水深而又静的地方却是鱼虾聚集。这是说过度清高孤绝的品行，以及狭隘急切的心思，是君子应该深深引以为戒的。

处世真经

处世不必邀功，无过便是功；
与人不求感德，无怨便是德。

一百八十八

【原文】

处世不必邀功，无过便是功；与人不求感德，无怨便是德。

【译文】

处世不一定追求有功，没有错就是有功；待人不追求让别人感激你的恩德，只要别人不怨恨自己就是有恩德。

一百八十九

【原文】

天地之气，暖则生，寒则杀。故性气清冷者，受享亦凉薄；唯气和暖心之人，其福亦厚，其泽亦长。

【译文】

自然界天气暖和时万物生长，天气寒冷，万物凋零。所以，性情冷漠的人，福分也比较浅。只有那些待人和气的热心人，福分深，给别人留下的恩泽也长久。

一百九十

【原文】

君子而诈善，无异小人之肆恶；君子而改节，不及小人之自新。

【译文】

身为君子而具有伪善的恶行，就和穷凶极恶的小人没什么两样；行仁义的君子如果改变自己的节操，反而不如那些能改过自新的小人。

注：肆恶：无恶不作。

一百九十一

【原文】

曲意而使人喜，不若直节而使人忌；无善而致人誉，不如无恶而致人毁。

【译文】

一个人违背自己的意愿而去博得别人的欢心，还不如刚正耿直、光明磊落而受到别人的嫌忌；一个人没有做什么善事却无故受到别人的赞扬，还不如没有做什么坏事而招来小人的毁谤。

一百九十二

【原文】

处父兄骨肉之变，宜从容，不宜激烈；遇朋友交游之失，宜剀切，不宜优游。

【译文】

当自己的父母、兄弟之间发生什么意料不到的变故时，应该保持镇定，不可太过激烈冲动而感情用事；当与朋友交往发现对方有过错时，应该诚恳地加以规劝，而不能得过且过地让他继续错下去。

注：剀切：切实。

一百九十三

【原文】

藏巧于拙，用晦而明，寓清于浊，以屈为伸，真涉世之一壶，藏身之三窟也。

【译文】

人应该宁可显得笨拙一点也不要暴露自己的机谋，宁可用谦虚来收敛自己也不能锋芒毕露，宁可随和一点也不要自命清高，宁可后退一些也不要太积极冒进，这才是真正的处世法宝。

注：一壶：比喻平常普通的东西，在关键时却非常重要。《鹖冠子·学问》："中流失船，一壶千金。"壶，葫芦。

一百九十四

【原文】

人之短处，要曲为弥缝，如暴而扬之，是以短攻短；人有顽固，要善化为诲，如忿而疾之，是以顽济顽。

【译文】

当我们发现了别人的缺点时，要很委婉地为他掩饰，如果故意揭发并宣扬他的缺点，就会伤害别人的自尊心，同时也等于是用自己的缺点去攻击别人的缺点；当我们发现别人有固执己见的地方时，要妥善地去教诲他。如果因为他的固执而去怨愤和讨厌他，就等于是用自己的顽固执拗来帮助别人的顽固执拗。

一百九十五

【原文】

觉人之诈，不形于言，受人之侮，不动于色，此中有无穷意味，亦有无穷受用。

【译文】

当发现别人在欺骗自己时，不要在言语里表现出来自己的聪明；当受到别人侮辱时，也不要在表情上表露自己的愤怒。这里有无穷的意蕴，也含有一生受用不尽的奥妙。

一百九十六

【原文】

建功立业者，多虚圆之士；偾事失机者，必执拗之人。

【译文】

古来建功立业的大都是谦虚灵活的人；而败坏事业丧失良机的必定是固执倔强的人。

一百九十七

【原文】

处世不宜与俗同，亦不宜与俗异；作事不宜令人厌，亦不宜令人喜。

【译文】

一个人为人处世不应该与一般人同流合污，也不应该标新立异故意与世俗人不同；做事不能到处让人讨厌，也不能委屈自己的心愿故意讨人欢心。

一百九十八

【原文】

日既暮而犹烟霞绚烂，岁将晚而更橙桔芳馨。故末路晚年，君子更宜精神百倍。

【译文】

当太阳快要落山的时候，天空的晚霞仍然是灿烂绚丽光彩夺目的；一年将尽的季节，橙橘却飘着诱人的芳香。所以有德行的人到了晚年时，就更应该振作精神，老有所为。

一百九十九

【原文】

鹰立如睡，虎行似病，正是它攫人噬人手段处。故君子要聪明不露，才华不逞，才有肩鸿任巨的力量。

【译文】

老鹰站立时就像是睡着了一样，老虎走路时就像是生病了一样，而这恰恰是它们抓食人畜的高明手段。故此有德的人不显露他们的聪明，不夸耀他们的能力，这样才会有肩负重大任务的力量。

注：肩鸿任巨：担负重大责任。

二百

【原文】

俭，美德也，过则为悭吝，为鄙啬，反伤雅道；让，懿行也，过则为足恭，为曲礼，多出机心。

【译文】

俭朴是一种美德，但过分了就成为吝啬小器，成为斤斤计较的守财奴，反而有伤风雅之道；谦让本来也是一种美德，但做得过分了就成为屈膝谄媚，成为小心翼翼的人，反而多出了一些巧诈的心思。

二百○一

【原文】

毋忧拂意，毋喜快心，毋恃久安，毋惮初难。

【译文】

不要为不如意的事情而担忧，不要为暂时的顺心而高兴，不要为长久的平安而有恃无恐，不要为一时的困难而畏惧不前。

二百○二

【原文】

饮宴之乐多，不是个好人家；声华之习胜，不是个好士子；名位之念重，不是个好臣士。

【译文】

常常宴请宾客寻欢作乐的，不算是个好家庭；喜欢淫靡音乐和华丽服饰的，不算是正派的读书人；过分重视名利权势的，不算是个好官吏。

二百〇三

【原文】

世人以心肯处为乐，却被乐心引在苦处；达士以心拂处为乐，终为苦心换得乐来。

【译文】

世人以能满足心中欲望为快乐，却反而被寻求快乐的心引导到痛苦中；一个豁达明智的人在平时能信心百倍地忍受各种不如意，最后反而用劳苦换来了真正的快乐。

注：心肯：顺心。心拂：不顺心。

二百〇四

【原文】

居盈满者，如水之将溢未溢，切忌再加一滴；处危急者，如木之将折未折，切忌再加一搦。

【译文】

当一个人权势达到鼎盛的时候，就好像水满了快溢而还没有溢出来一样，这时千万不能再多加一滴；当一个人处在危急存亡的关头，就像木头快折断还没有折断一样，这时千万不能再加一点压力。

二百〇五

【原文】

冷眼观人，冷耳听语，冷情当感，冷心思理。

【译文】

用冷静的眼光来观察别人，用冷静的耳朵来听别人说话，用冷静的情感来主导意识，用冷静的头脑来思考道理。

二百〇六

【原文】

仁人心地宽舒，便福厚而庆长，事事成个宽舒气象；鄙夫念头迫促，便禄薄而泽短，事事得个迫促规模。

【译文】

仁慈博爱的人心胸宽阔坦荡，所以能福禄丰厚而长久，凡事都能表现出宽宏大度的气概；浅薄无知的人心胸狭窄，所以福禄微薄而短暂，凡事都表现出目光短小狭隘局促的格局。

二百〇七

【原文】

闻恶不可就恶，恐为谗夫泄怒；闻善不可急亲，恐引奸人进身。

【译文】

听到别人做坏事，不可以马上就去厌恶他，因为这可能是有人为了发泄心中的怒气故意造的谣言；听到别人做好事，不可以马上就去亲近他，因为这可能是小人用来谋官求职的手段。

二百〇八

【原文】

性躁心粗者一事无成；心和气平者百福自集。

【译文】

性情急躁、粗心大意的人，没有一件事能够做得成功；性情温和、心绪宁静的人，所有的幸福才会降临到他头上。

二百〇九

【原文】

用人不宜刻，刻则思效者去；交友不宜滥，滥则贡谀者来。

【译文】

用人要宽厚不可太过刻薄，如果太苛求于人就会使那些愿为你效忠的人离你而去；交朋友不能太没原则，胡乱交友就会有喜欢献媚说谎的人到你身边来。

二百一十

【原文】

风斜雨急处，要立得脚定；花浓柳艳处，要著得眼高；路危径险处，要回得头早。

【译文】

在急风暴雨中要站稳脚跟，才不会跌倒；在繁花翠柳的温柔乡，要放眼高处，才不会迷惑；在道路危险的地方，要及早回头，才不至于危险。

二百一十一

【原文】

节义之人济以和衷，才不启忿争之路；功名之士承以谦德，方不开嫉妒之门。

【译文】

有品行的人要用和气之心来调和，才不会和别人发生意气之争；有地位的人要培养谦虚的品德，才不会招人嫉妒。

二百一十二

【原文】

士大夫居官，不可竿牍无节，要使人难见，以杜幸端；居乡，不可崖岸太高，要使人易见，以敦旧好。

【译文】

读书人做官和别人书信往来不能没有节制，要使人难以见面，以避免给别人钻营送贿留下机会；辞官回家时，不要言行太清高，要使别人容易接近，才能和乡邻们增进感情。

注：竿牍（dú）：书信。竿，指竹简。牍，木简。都是书写用具。幸（xìng）端：非分进取。崖岸：比喻高傲，难以接近。

二百一十三

【原文】

大人不可不畏，畏大人则无放逸之心；小民亦不可不畏，畏小民则无豪横之名。

【译文】

对德高望重的人不能不敬畏，畏惧德高望重的人就不会放纵自己；对地位低下的老百姓不能不敬畏，因为畏惧百姓就不会有横暴的恶名。

注：大人：有道德、有声望的人。

二百一十四

【原文】

事稍拂逆，便思不如我的人，则怨尤自消；心稍怠荒，便思胜似我的人，则精神自奋。

【译文】

事情一有些不如意，就去想处境不如我们的人，怨恨就会自然消失；心中稍有些懈怠，就去想比我们强的人，精神就自然能振奋起来。

二百一十五

【原文】

不可乘喜而轻诺，不可因醉而生嗔，不可乘快而多事，不可因倦而鲜终。

【译文】

不要因一时高兴而轻易对人许诺，不要因为喝醉酒就乱发脾气，不要因一时兴起多管闲事，不要因怕累而不把事情做完。

二百一十六

【原文】

善读书者，要读到手舞足蹈处，方不落筌蹄；善观物者，要观到心

融神洽时，方不泥迹象。

【译文】

真正会读书的人要读到使自己手舞足蹈时，才不会陷入字面意思；会观察事物的人，要观察到自己的心灵与外物融合时，才不会停留于事物表面。

注：筌蹄：比喻为达到某种目的的手段或工具。

二百一十七

【原文】

天贤一人，以诲众人之愚，而世反逞所长，以形人之短；天富一人，以济众人之困，而世反挟所有，以凌人之贫；真天之戮民哉！

【译文】

天给一个人聪明，是使他教导众多的愚人，而世人反倒夸耀自己的聪明来暴露别人的缺点；上天给予一个人财富，是让他来救助众人的贫困，而世人反倒依仗自己的财富欺凌穷人。这两种人真是上天的罪人！

二百一十八

【原文】

至人何思何虑，愚人不识不知，可与论学，亦可与建功。唯中才的人，多一番思虑知识，便多一番臆度猜疑，事事难与下手。

【译文】

最聪明的人心胸开阔没有什么值得忧虑的，蠢笨的人没有见解，也没有什么牵挂，这两种人都可以研究学问建功立业。只有那些中等才智的人比别人多一些忧虑，多一些猜想，什么事都很难下手处理。

注：至人：品行和智慧都最高超的人。

二百一十九

【原文】

口乃心之门，守口不密，泄尽真机；意乃心之足，防意不严，走尽邪蹊。

【译文】

口是心的大门，如果说话不注意，就会把心中的秘密都泄露出去；意是心的双脚，如果防守不严，就会走上邪门歪道。

二百二十

【原文】

责人者，原无过于有过之中，则情平；责己者，求有过于无过之内，则德进。

【译文】

对待别人时，要在他的错误中找出其中正确的部分，这样才能使人心气平和；对待自己，要在没有错的地方尽量找出错误，这样才能增进品德。

二百二十一

【原文】

子弟者，大人之胚胎；秀才者，士大夫之胚胎。此时若火力不到，陶铸不纯，他日涉世立朝，终难成个令器。

【译文】

孩子是大人的雏形；秀才是官吏的雏形。这个时候如果教育不够、锻炼不多，以后走向社会或站在朝廷上，终究成不了一个有用之才。

注：令器：精美的器皿，这里指有用人才。

二百二十二

【原文】

君子处患难而不忧，当宴游而惕虑；遇权豪而不惧，对茕独而惊心。

【译文】

君子处在危难的环境中也绝对不会感到担忧，而处在宴饮作乐的环境中就会知警惕，不沉迷其中；他们遇到有权有势的大人物并不会感到畏惧，而遇到孤苦无依的人就会产生同情心，绝不会无动于衷。

二百二十三

【原文】

桃李虽艳，何如松苍柏翠之坚贞；梨杏虽甘，何如橙黄橘绿之馨冽？信乎，浓夭不及淡久，早秀不如晚成也。

【译文】

桃李的花朵虽然美丽夺目，但哪里比得上松柏的四季常青；梨和杏的果实虽然香甜可口，但哪里能比得上黄橙绿橘散发出的清香？说得对呀，浓艳容易消失不如清淡保持得长久，一个人少年得志还不如大器晚成。

二百二十四

【原文】

风恬浪静中，见人生之真境；味淡声稀处，识心体之本然。

【译文】

在没有风浪，恬然平静的时候，才能体味到人生的真实境界；在生活淡泊的时候，才能体会到心的本来面目。

二百二十五

【原文】

谈山林之乐者，未必真得山林之趣；厌名利之谈者，未必尽忘名利之情。

【译文】

那些喜欢谈论隐居山林乐趣的人，不一定真能领略隐居山林的乐趣。那些讨厌谈功名利禄的人，不一定完全忘记对功名利禄的贪恋。

二百二十六

【原文】

钓水，逸事也，尚持生杀之柄；弈棋，清戏也，且动战争之心。可见喜事不如省事之为适，多能不若无能之全真。

【译文】

在水边钓鱼是清闲的事，还掌握着鱼的生杀大权；下棋是高雅的游戏，还要动战争的心思。可见喜欢多事不如省事使人舒适，多才多艺不如没有才能更易保全品格。

二百二十七

【原文】

莺花茂而山浓谷艳，总是乾坤之幻境；水木落而石瘦崖枯，才见天地之真吾。

【译文】

燕语莺歌，花草茂盛，山谷中一片艳丽，终究是天地间虚幻的景象；河流干枯，草木凋零，石崖上一片枯萎，才是天地的真实面目。

二百二十八

【原文】

岁月本长，而忙者自促；天地本宽，而卑者自隘；风花雪月本闲，而劳攘者自冗。

【译文】

时间本来很长，而忙碌的人自己觉得短暂；天地间本来宽阔，而短见的人自己觉得狭小；风花雪月本来是悠闲的，而庸碌的人自己想得繁俗。

二百二十九

【原文】

得趣不在多，盆池拳石间，烟霞俱足；会景不在远，蓬窗竹屋下，风月自赊。

【译文】

寻找情趣不在于东西多，盆子那样大的池水、拳头大的石头间，也足以享受烟雾云霞的妙处；欣赏景物不一定要去远处，在自己家的窗子外、屋檐下，也可以享受到清风明月的情趣。

二百三十

【原文】

听静夜之钟声，唤醒梦中之梦；观澄潭之月影，窥见身外之身。

【译文】

倾听静夜里的钟声，能把我们从人生的梦幻中唤醒；细看清澈潭水中月亮的影子，使我们想到了躯体之外的真实生命。

二百三十一

【原文】

鸟语虫声，总是传心之诀；花英草色，无非见道之文。学者要天机清澈，胸次玲珑，触物皆有会心处。

【译文】

鸟叫虫鸣都是大自然在传达心中的秘密；花草的美丽颜色都是阐明道理的文章。学者的心地要清纯，胸怀要磊落，这样接触万物就都会有心灵的感触。

二百三十二

【原文】

人解读有字书，不解读无字书；知弹有弦琴，不知弹无弦琴。以迹用，不以神用，何以得琴书之趣？

【译文】

人们只知道读有文字的书，不知道读没有文字的书。知道弹有琴弦的琴，不知道弹没有琴弦的琴。知道用有形的东西，而不懂得用心神领悟，怎能理解读书、弹琴的乐趣？

二百三十三

【原文】

心无物欲，即是秋空霁海；坐有琴书，便成石室丹丘。

【译文】

心中没有功名利禄的欲望，就会像秋天的天空、雨后的大海一样辽阔；家中有古琴、诗书，就会像神仙的石室丹丘一样逍遥。

二百三十四

【原文】

宾朋云集，剧饮淋漓，乐矣，俄而漏尽烛残，香销茗冷，不觉反成呕咽，令人索然无味。天下事率类此，奈何不早回头也。

【译文】

宾客朋友聚集在一起，痛快淋漓地饮酒作乐，很高兴，可是过一会儿，夜深了，烛火快要熄灭，檀香烧尽，热茶变冷，反而想要呕吐，让人感到毫无兴趣。天下的事，大多和这相似，人却总是不及早回头。

二百三十五

【原文】

会得个中趣，五湖之烟月尽入寸里；破得眼前机，千古之英雄尽归掌握。

【译文】

能体会风景中的情趣，五湖四海的景色都能印入心底；能看破时局的关键，千古以来的英雄都会被我掌握。

二百三十六

【原文】

山河大地已属微尘，而况尘中之尘；血肉身躯且归泡影，而况影外之影。非上上智，无了了心。

【译文】

山河大地已经是宇宙中的细小尘土，而人是这尘土中小尘土；血肉身躯都将成为一片泡影，而功名富贵是这幻影人生中的幻影。没有最高超的智慧，就不能有彻悟之心。

二百三十七

【原文】

石火光中争长竞短，几何光阴？蜗牛角上较雌论雄，许大世界？

【译文】

在电光石火般短暂的时刻中计较时间的长短，又能争到多少的光阴呢？在蜗牛角那么狭小的地方争夺谁强谁弱，又能争来多大的世界？

二百三十八

【原文】

寒灯无焰，敝裘无温，总是播弄光景；身如槁木，心似死灰，不免堕在顽空。

【译文】

微弱的孤灯不会有光焰，破旧的衣服丧失了温暖，这是大自然在玩弄虚幻的景象；衰弱的身体像枯朽的树木，空虚的心灵像失去火焰的灰烬，这样就难免陷入冥顽的空境。

二百三十九

【原文】

人肯当下休，便当下了。若要寻个歇处，则婚嫁虽完，事亦不少，僧道虽好，心亦不了。前人云："如今休去便休去，若觅了时无了时。"见之卓矣。

【译文】

一个人如果愿意就此罢休，便应该立即了断一切。如果要找个适当的罢休机会，那么即使婚事办完了，以后的事情也还不少。出家当了和尚、道士，虽然获得了清静，其时内心中仍然会挂念很多事情。古人说："现在如果能罢休就赶紧罢休，若想找到一切事情都了断的机会便永远没有这样的时候。"这真是高见。

二百四十

【原文】

从冷视热，然后知热处之奔驰无益；从冗入闲，然后觉闲中之滋味最长。

【译文】

用冷淡的态度去观察那热中名利的时候，就会发现那些奔波劳碌对生活毫无益处；从繁忙的生活中清闲下来，才会觉得闲淡中的趣味最为长久。

二百四十一

【原文】

有浮云富贵之风，而不必岩栖穴处；无膏肓泉石之癖，而常自醉酒耽诗。

【译文】

有能把富贵看作浮云的节操，就不必隐居在岩穴里；没有对泉水、山石的特别爱好，常能饮酒赋诗也自有乐趣。

注：膏肓：心尖的脂肪叫膏，心脏和膈膜之间叫肓。这里指亲近。

二百四十二

【原文】

竞逐听人，而不嫌尽醉；恬淡适己，而不夸独醒。此释氏所谓“不为法缠，不为空缠，身心两自在者”。

【译文】

让别人争斗去吧，但不要嫌恶他们醉心名利；自己淡泊地生活，但不要夸耀只有自己才清醒。这是释迦牟尼所说的“既不为万物所束缚，也不为虚空所束缚，肉体和精神都很自在”。

注：法缠：为事物所束缚。空缠：为虚无之理所束缚。

二百四十三

【原文】

延促由于一念，宽窄系之寸心；故机闲者，一日遥于千古，意广者，斗室宽若两间。

【译文】

时间的长短是因为人的感受；地方的宽窄在于人的想法。所以，心情闲散时，一天比一千年还长；心境开阔时，斗大的屋子像天地间一样宽广。

二百四十四

【原文】

损之又损，栽花种竹，尽交还乌有先生；忘无可忘，焚香煮茗，总不问白衣童子。

【译文】

事少得不能再少，栽花种竹的事都交给乌有先生去做；事忘得不能再忘了，连烧香煮茶的白衣童子是谁都不去问。

注：乌有先生：西汉司马相如《子虚赋》中的虚构人物。白衣童子：据《续晋阳

秋》载，陶潜经常在重阳节坐在东篱下看菊花。望见有白衣人来送酒，陶潜取过便饮，大醉方归。

二百四十五

【原文】

都来眼前事，知足者仙境，不知足者凡境；总出世上因，善用者生机，不善用者杀机。

【译文】

一样都是平常的生活，感到满足的人觉得像是生活在仙境，不知满足的人却是生活在凡俗的世界；都是世上的机缘，在善于利用的人那里是发展的机会，在不善于利用的人那里是毁灭的机缘。

二百四十六

【原文】

趋炎附势之祸，甚惨亦甚速；栖恬守逸之味，最淡亦最长。

【译文】

攀附权贵的人带来的祸患很快又很惨；坚持节操过闲静生活的，滋味最平淡也最长久。

二百四十七

【原文】

松涧边，携杖独行，立处云生破衲；竹窗下，枕书高卧，觉时月侵寒毡。

【译文】

在松树下、溪水边，拄着手杖独自行走，站立时云气就会从破衣服上飘出；竹窗下，枕着书本安然入睡，醒来时月光已浸透了旧毛毯。

二百四十八

【原文】

色欲火炽，而一念及病时，便兴似寒灰；名利饴甘，而一想到死地，便味如嚼蜡。故人常忧死虑病，亦可消幻业而长道心。

【译文】

好色的欲望像燃烧的烈火，但一想到疾病，就会使兴致像灰烬一样冷却；名利像美味的糖果，但一想到死亡，便感到像嚼着蜡丸一样没有味道。所以人要常常担心疾病、死亡，也可以消除幻象增长求道之心。

二百四十九

【原文】

争先的径路窄，退后一步，自宽平一步；浓艳的滋味短，清淡一分，自悠长一分。

【译文】

争着向前走，道路就显得狭窄，人人都向后退一步，路就能宽一步；浓艳的滋味短暂，使它清淡一分，它就会延长一分。

二百五十

【原文】

忙处不乱性，须闲处心神养得清；死时不动心，须生时事物看得破。

【译文】

忙乱的时候心能够不乱，就必须在清闲的时候修养成理智的心神；要死的时候能够不害怕，就必须在活着的时候把事情看得破。

二百五十一

【原文】

隐逸林中无荣辱；道义路上无炎凉。

【译文】

退隐在山林中，人生没有荣耀和耻辱；讲仁义道德，就没有冷暖人情。

二百五十二

【原文】

热不必除，而除此热恼，身常在清凉台上；穷不可遣，而遣此穷愁，心常居安乐窝中。

【译文】

热不能被消除，而热所带来的烦恼可以消除，身体就像常处在清凉的地方；穷困无法赶走，但穷困带来的愁苦可以赶走，心便常能处在安乐的地方。

二百五十三

【原文】

进步处便思退步，庶免触藩之祸；着手时先图放手，才脱骑虎之危。

【译文】

向前走的时候就要做好后退的准备，才能免于撞在墙上；着手做事时就要先想到怎样脱手，才能免于骑虎难下的危险。

注：触藩：亦作羝羊触藩。公羊的角挂在了篱笆上，欲进不能，欲退不可。

二百五十四

【原文】

贪得者分金恨不得玉，封公怨不授侯，权豪自甘乞丐；知足者藜羹旨于膏粱，布袍暖于狐貉，编民不让王公。

【译文】

贪得无厌的人，分给他金子，他

就遗憾没有得到宝玉；封他做公爵，他就怨恨没让他当王侯。虽然有权有势自己却甘心生活得像个乞丐。知足常乐的人喝野菜汤比肥肉好米都香，穿布衣比皮袍都暖，虽然是平民却比王公还富足。

二百五十五

【原文】

矜名不若逃名趣，练事何如省事闲。

【译文】

夸耀名声不如抛弃浮名更高明，处世干练不如省去一事更悠闲。

二百五十六

【原文】

嗜寂者，观白云幽石而通玄；趋荣者，见清歌妙舞而忘倦。唯自得之士，无喧寂，无荣枯，无往非自适之天。

【译文】

喜欢静的人，看到飘浮的白云和幽远的山石就能领悟玄妙的道理；喜爱荣华富贵的人，听见清亮的歌声，看到美妙的舞姿就会忘记疲倦。只有那些怡然自得的人，不必有喧闹也不必冷寂，不必繁华也不必衰败，每到一个地方都是适合他的天地。

二百五十七

【原文】

孤云出岫，去留一无所系；朗镜悬空，静躁两不相干。

【译文】

孤云从山谷中飘出，它的去留和什么都没有关系；明月悬在天空，安静和喧闹都与它无关。

二百五十八

【原文】

悠长之趣，不得于醲酽，而得于啜菽饮水；惆恨之怀，不生于枯寂，而生于品竹调丝。故知浓处味常短，淡中趣独真也。

【译文】

悠长的味道不是从畅饮美酒中得来，而是从咀嚼豆类饮用清水中得来；惆怅遗憾的感觉不是从困苦中产生，而是在听歌看舞时产生。由此可见，鲜浓的味很短时间就会消失，而清淡中的趣味才是最真实的。

二百五十九

【原文】

禅宗曰："饥来吃饭倦来眠。"诗旨曰："眼前景致口头语。"盖极高寓于极平，至难出于至易；有意者反远，无心者自近也。

【译文】

禅宗里说：“饿了就吃饭，困倦了就睡觉。”作诗的最高境界：“用口头话写眼前景象就是好诗。”所以，最高深的道理蕴藏在极平凡的事物中间，最困难的事情要从最简单的地方下手；有意去做，反而离它更远，无意中做的人自然而然就离它很近。

二百六十

【原文】

水流而境无声，得处喧见寂之趣；山高而云不碍，悟出有入无之机。

【译文】

流水淙淙而水边的景物却并没有声音，从中体味到喧闹中仍能享受宁静的趣味；山峰高高耸立，而云却不受阻碍，从中可以悟出超脱世俗进入虚无的玄机。

二百六十一

【原文】

山林是胜地，一营恋便成市朝；书画是雅事，一贪痴便成商贾。盖心无染著，欲境是仙都；心有系恋，乐境成苦海矣。

【译文】

山林是隐居的好地方，一旦心存私念就会成为喧闹的市场；书法、绘画是高雅的事，一旦有贪婪的念头，就会变成俗气的商人。所以，心中没被世俗沾染，即使在充满欲望的环境里也会像在仙境一样；心中有所牵挂，即使处在快乐的地方也会像生活在苦海里一样。

二百六十二

【原文】

时当喧杂，则平日所记忆者，皆漫然忘去；境在清宁，则夙昔所遗忘者，又恍尔现前。可见静躁稍分，昏明顿异也。

【译文】

在喧闹嘈杂的时候，连平时记得的也都会因为不经心而忘记；在清静安宁的地方，平时忘记的又忽然出现在眼前。可见，安静、喧闹稍有不同，就会立刻呈现出昏乱与明智的差别。

二百六十三

【原文】

芦花被下，卧雪眠云，保全得一窝夜气；竹叶杯中，吟风弄月，躲离了万丈红尘。

【译文】

盖着轻暖的芦花被，就像躺在云雾中，周身都沉浸在大自然的气息里；喝着竹叶茶，吟诗作赋，感觉像远远离开了那喧嚣的凡俗世界。

二百六十四

【原文】

衮冕行中，著一藜杖的山人，便增一段高风；渔樵路上，著一衮衣的朝士，转添许多俗气。固知浓不胜淡，俗不如雅也。

【译文】

在衣着华贵的权贵高官行列中，如果站了一个拖着藜杖的隐士，就会增加一些高雅之气；在渔人樵夫行走的路上，站着一个穿着华丽的朝臣，反倒添了许多俗气。由此可知，浓丽的不如清淡的，世俗的不如高雅的。

注：衮冕：官服，这里指做官的人。衮，皇帝穿的衣服。冕，帝王戴的帽子。

出世之道

宠辱不惊，闲看庭前花开花落；
去留无意，漫随天外云卷云舒。

二百六十五

【原文】

静中念虑澄澈，见心之真体；闲中气象从容，识心之真机；淡中意趣冲夷，得心之真味。观心证道，无如此三者。

【译文】

清静的时候思想清楚，能看出心的本体；闲暇时气度从容，能发现心的玄机；淡泊时趣味冲淡、平和，能体会到心的真趣味。反省内心印证道理，没有比这三种更好的。

二百六十六

【原文】

出世之道，即在涉世中，不必绝人以逃世；了心之功，即在尽心内，不必绝欲以灰心。

【译文】

超脱世俗的方法，就在于投身到世俗活动中去寻找，不必刻意逃避世俗遁迹山林；了悟本心的功夫，就在于竭尽心力去体会，不必要断绝欲念使心如槁灰。

二百六十七

【原文】

此身常放在闲处，荣辱得失谁能差遣我；此心常安在静中，是非利害谁能瞒昧我。

【译文】

把身体常放在悠闲的地方，一切的荣辱得失如何能够驱使我；心灵常处在安宁的环境，一切的是非利害又如何能够欺骗愚弄我。

二百六十八

【原文】

竹篱下，忽闻犬吠鸡鸣，恍似云中世界；芸窗中，雅听蝉吟鸦噪，方知静里乾坤。

【译文】

在竹篱笆下听到狗叫鸡鸣的声音，就恍惚置身在白云仙境；在书房里听到蝉鸣鸦吵的声音，才知道寂静中别有一个世界。

注：芸：一种能够避虫的香草，常放在藏书里。芸窗，指书房。

二百六十九

【原文】

我不希荣，何忧乎利禄之香饵；我不竞进，何畏乎仕宦之危机。

【译文】

我不希望荣华发达，怎么会担心功名利禄的诱惑呢？我不追求仕途晋升，又怎么会怕做官所带来的危机呢？

二百七十

【原文】

徜徉于山林泉石之间，而尘心渐息；夷犹于诗书图画之内，而俗气潜消。故君子虽不玩物丧志，亦常借境调心。

【译文】

徜徉在山林泉石之间，世俗的杂念就会渐渐平息；留意于诗词、书法、绘画之中，庸俗的气质就会慢慢消失。所以说，君子虽然不会玩物丧志，也常常要借一些优雅的环境来调理心绪。

注：夷犹：逗留，徘徊。

二百七十一

【原文】

春日气象繁华，令人心神骀荡，不若秋日云白风清，兰芳桂馥，水天一色，上下空明，使人神骨俱清也。

【译文】

春天的景象繁华热闹，使人心旷神怡，却不如秋天白云飘浮，清风凉爽，兰花馥郁，桂子飘香，秋水和天空是一样的蓝色，天上地下一片空明，使人的身体和精神都清爽无比。

二百七十二

【原文】

一字不识，而有诗意者，得诗家真趣；一偈不参，而有禅味者，悟禅教玄机。

【译文】

一个字也不认识，而说话却具有诗意，才是得到了真正的诗的意趣；一句偈语也不明白，却富于禅机的人，才是懂得了最深奥的玄机。

注：偈：佛经中的唱词，梵语，颂的意思。

二百七十三

【原文】

机动的，弓影疑为蛇蝎，寝石视为伏虎，此中浑是杀气；念息的，石虎可作海鸥，蛙声可当鼓吹，触处俱见真机。

【译文】

总是动心机的人，在杯中看到弓的影子，就以为是蛇蝎，看见草中的卧石就当作趴在地上的老虎，到处都是危险；心气平静的人，可以把石虎化作温顺的海鸥，把青蛙声当作和谐的鼓吹乐曲，到处都能看到生命的真正机趣。

二百七十四

【原文】

身如不系之舟，一任流行坎止；心似既灰之木，何妨刀割香涂。

【译文】

身体像没有系缆的小船，随它去飘流或停止；心像已焚成灰烬的木头，用刀割或涂上香料都不关痛痒。

二百七十五

【原文】

人情听莺啼则喜，闻蛙鸣则厌，见花则思培之，遇草则欲去之，俱是以形气用事；若以性天视之，何者非自鸣其天机，非自畅其生意也。

【译文】

人们按常情听到黄莺的啼叫就会喜欢，听见青蛙叫就会讨厌，见到鲜花美丽就想栽培它，看见野草就想除掉，这都是根据它们的外形生性去决定好恶；但是，如果从天性来看，哪一种生物不是在表现上天赋予自己的生命，哪一种不是展现自己的生机。

二百七十六

【原文】

发落齿疏，任幻形之凋谢；鸟吟花开，识自性之真如。

【译文】

头发脱落，牙齿稀疏，只好听任身体自然地衰老；鸟语花香的时候，却应体悟到人类本性永恒不变的真理。

注：幻形：指的肉体。真如：真理。

二百七十七

【原文】

欲其中者，波沸寒潭，山林不见其寂；虚其中者，凉生酷暑，朝市不知其喧。

【译文】

心中充满欲望的人，即使是寒潭也会掀起波涛，即使身居山林也体会不到寂静；心中没有欲望的人，即使在酷热的夏天也会感到阴凉，在闹市中也感觉不到喧闹。

二百七十八

【原文】

多藏者厚亡，故知富不如贫之无虑；高步者疾颠，故知贵不如贱之常安。

【译文】

钱财多的人害怕丢的东西也多，可见富有的人不像穷人那样无忧无虑；爬得高的人害怕跌倒，可见地位高的人不像地位卑贱的人常能很安宁。

二百七十九

【原文】

读《易》晓窗，丹砂研松间之露；谈经午案，宝磬宣竹下之风。

【译文】

清晨在窗边读《周易》，用松间露水研开做圈点书籍的朱砂；正午时在桌案前讲诵佛经，竹林里的清风把石磬声传得很远。

二百八十

【原文】

花居盆内终乏生机，鸟入笼中便减天趣；不若山间花鸟错集成文，翱翔自若，自是悠然会心。

【译文】

花栽在盆里总是缺乏生机，鸟关进笼子里，就缺少了天然的情趣。不像山间的花相映成美丽的图案，山间的鸟自由地飞翔，自然能领会到一种妙趣。

二百八十一

【原文】

世人只缘认得我字太真，故多种种嗜好种种烦恼。前人云："不复知有我，安知物为贵？"又云："知身不是我，烦恼更何侵？"真破的之言也。

【译文】

世上的人只因为把自己看得太重要了，才有那么多的嗜好、那么多的烦恼。前人说："连我的存在都不知道，怎么能知道外物的珍贵？"又说："如果知道连身体都不是我自己的，烦恼又怎么能伤害我？"这真是一语切中要害的话。

二百八十二

【原文】

自老视少，可以消奔驰角逐之心；自瘁视荣，可以绝纷华靡丽之念。

【译文】

从老人的眼中看青年人，就可以打消追逐名利的争斗之心；从衰败的境况里看荣华富贵，就可以打消那些奢侈豪华的想法。

二百八十三

【原文】

人情世态，倏忽万端，不宜认得太真。尧夫云：“昔日所云我而今却是伊，不知今日我又属后来谁。”人常作是观，便可解却胸中罥矣。

【译文】

人情冷暖，世态炎凉，瞬息万变，不应该太认真。邵雍说：“昨天说的是我，今天却轮到他。不知今天的我，又会是以后的谁。”人如果常常这样看，就可以消除心中的烦恼。

注：尧夫：邵雍，字尧夫，宋代理学家。罥：挂念。

二百八十四

【原文】

热闹中着一冷眼，便省许多苦心思；冷落处存一热心，便得许多真趣味。

【译文】

在热闹的时候如果能冷静，就可以使以后少吃许多苦；落魄失意的时候如果有一份进取心，就可以得到许多真正的乐趣。

二百八十五

【原文】

有一乐境界，就有一不乐的相对待；有一好光景，就有一不好的相乘除。只是寻常家饭，素位风光，才是个安乐的窝巢。

【译文】

有一个安乐的境界，就有一个不安乐之处和它相对；有一段好的景象，就有一个不好的地方和它相抵消。只有平凡的家常便饭，安于本分的境况，才是个常能平安快乐的地方。

注：乘除：消长。素位：安于本分。

二百八十六

【原文】

帘栊高敞，看青山绿水吞吐云烟，识乾坤之自在；竹树扶疏，任乳燕鸣鸠送迎时序，知物我之两忘。

【译文】

高高地卷起窗帘，眺望窗外青山绿水、云烟缭绕的美景，才明白了天地自然的悠闲自在；茂密的竹林树丛中，任由乳燕和鸣叫的斑鸠迎送春夏秋冬的来去，从而体悟到万物与我合一的浑然境界。

二百八十七

【原文】

知成之必败，则求成之心不必太坚；知生之必死，则保生之道不必过劳。

【译文】

既然知道了事情有成功就有失败的道理，那么求取成功的心愿就不必太执着了；既然明白了有生就有死的道理，那么对于自己的养生之道就不必太费心思了。

二百八十八

【原文】

古德云："竹影扫阶尘不动，月轮穿沼水无痕。"吾儒云："水流任急境常静，花落虽频意自闲。"人常持此意，以应事接物，身心何等自在！

【译文】

古时候有一位道德高尚的和尚说："竹子的影子在石阶上掠过而尘

土不会飞扬起来，月影穿过池塘的水面而不会生起丝毫波纹。”有一位儒家学者说：“水流得再急，四周的环境仍然宁静，花落得再多，意兴依然闲适。”一个人如果能抱着这种处世态度来待人接物，那么身心会是多么的自在啊！

二百八十九

【原文】

林间松韵，石上泉声，静里听来，识天地自然鸣佩；草际烟光，水心云影，闲中观去，见乾坤最上文章。

【译文】

林子里松涛阵阵，岩石上清泉淙淙，如果静静地聆听，就可以体会到天地间大自然的乐章；原野尽头的烟云霞光，水中央倒映的云影，如果在悠闲的状态下去观赏，就可以看到宇宙中最美妙的天然文章。

注：鸣佩：腰间佩玉在走路时丁当作响。文章：美丽的图案。

二百九十

【原文】

眼看西晋之荆榛，犹矜白刃；身属北邙之狐兔，尚惜黄金。语云：“猛兽易伏，人心难降；溪壑易填，人心难满。”信哉！

【译文】

眼看西晋已快灭亡，变成杂草丛生的荒野，贵族们还在夸耀自己的强大；连命都保不住，身体将成为北邙山上狐狸、兔子的食物，还在吝惜黄金。俗话说：“凶猛的野兽容易制服，人心难以降伏；深谷容易填平，人心难以填满。”确实如此。

注：北邙：洛阳北有北邙山，是有名的墓地。

二百九十一

【原文】

心地上无风涛，随在皆青山绿树；性天中有化育，触处见鱼跃鸢飞。

【译文】

心的土地上如果没有风浪波涛，到处都是青山绿树；天性中如有对万物的热爱，随处都可以看见鱼儿跃出水面，鸟儿在飞翔。

二百九十二

【原文】

峨冠大带之士，一旦睹轻蓑小笠飘飘然逸也，未必不动其咨嗟；长筵广席之豪，一旦遇疏帘净几悠悠焉静也，未必不增其绻恋。人奈何驱以火牛，诱以风马，而不思自适其性哉？

【译文】

头带高冠、腰横博带的达官贵人，一旦看见身穿蓑衣、头戴斗笠的

平头百姓潇洒安逸，就不会不发出感叹；筵席不断的富有人家，一旦看到窗明几净的小户人家安静悠闲，就不会不多一份眷恋。人为什么要放纵野兽般的欲望追逐名利，而不想自己如何顺应本性来生活？

二百九十三

【原文】

鱼得水游而相忘乎水，鸟乘风飞而不知有风，识此可以超物累，可以乐天机。

【译文】

鱼儿能在水中自由自在地游，就忘记了水；鸟儿随着风飞，就不知道有风的存在。懂得了这个道理，就可以超脱外物的束缚，可以享受自然的乐趣。

二百九十四

【原文】

狐眠败砌，兔走荒台，尽是当年歌舞之地；露冷黄花，烟迷衰草，悉属旧时争战之场。盛衰何常？强弱安在？念此，令人心灰！

【译文】

狐狸居住的倒塌的台阶，兔子出没的荒废的楼台，都是当年贵族们观看歌舞的地方；冷露沾湿黄花，雾气弥漫枯草，这里都是当年发生战争的地方。兴衰成败怎能长久不变？强弱双方如今又在哪里？想一想这些，叫人灰心。

二百九十五

【原文】

宠辱不惊，闲看庭前花开花落；去留无意，漫随天外云卷云舒。

【译文】

受到恩宠还是受到侮辱，都不惊慌，只悠闲地看庭前花开花落。被升迁、被贬谪都不去在意，自己像天边的轻云一样随意飘浮。

二百九十六

【原文】

晴空朗月，何处不可翱翔，而飞蛾独投夜烛；清泉绿果，何物不可饮啄，而鸱鸮偏嗜腐鼠。噫！世之不为飞蛾鸱鸮者，几何人哉？

【译文】

晴朗的夜空里明月皎洁，到处都可以飞翔，而飞蛾偏偏要扑向夜晚的烛火；清亮的泉水边绿草如茵，什么东西不能吃，而猫头鹰偏喜欢吃腐烂的老鼠。唉！世上不做飞蛾、猫头鹰的有几个人呢？

二百九十七

【原文】

才就筏便思舍筏，方是无事道人；若骑驴又复觅驴，终为不了禅师。

【译文】

上了竹筏便想上岸后舍弃竹筏，才是个不受外物束缚的真人；如果骑上驴又想去找另一匹驴，最终也是个难以了却尘缘的和尚。

二百九十八

【原文】

权贵龙骧，英雄虎战，以冷眼视之，如蚁聚膻，如蝇竞血；是非蜂起，得失猬兴，以冷情当之，如冶化金，如汤消雪。

【译文】

权贵们气势威武，英雄们勇猛作战，用冷静的眼光看，就像蚂蚁们聚在腥肉上争食、苍蝇们争着吸血一样；纷乱的是是非非像群蜂乱舞，得失像刺猬毛一样多，用冷静的眼光看，就像炼金炉销蚀金属，热水融化冰雪。

注：龙骧：气势威武。

二百九十九

【原文】

羁锁于物欲，觉吾生之可哀；夷犹于性真，觉吾生之可乐。知其可哀，则尘情立破；知其可乐，则圣境自臻。

【译文】

被外物欲望所束缚，觉得生命是可悲的；在本性中停留，觉得生活是愉快的。能感到被物欲束缚的悲哀，尘俗的欲念就可以立刻消除；知道生活在本性中的快乐，圣人的境界就自然可以达到。

三百

【原文】

胸中即无半点物欲，已如雪消炉焰冰消日；眼前自有一段空明，时见月在青天影在波。

【译文】

心中如果没有一点对外物的欲望，私心就会像雪在炉火里、冰在阳光下一样迅速融化；自己的眼前如果有一分空明，就时常能看见月亮挂在晴朗的天空，月影浮在水波之上。

三百〇一

【原文】

诗思在灞陵桥上，微吟就，林岫便已浩然；野兴在镜湖曲边，独往时，山川自相映发。

【译文】

在灞陵桥上会令你诗兴大发，刚刚低声吟出诗句，山林就已诗意盎然；镜湖曲折的水边充满野趣，独自漫步到那里，山水交映自然令人陶醉。

注：灞陵桥：在西安城东，古时送别之地。镜湖：在今浙江会稽山北。

三百〇二

【原文】

伏久者飞必高，开先者谢独早。知此，可以免蹭蹬之忧，可以消躁急之念。

【译文】

很久不飞的鸟一旦飞时一定会飞得很高，开得早的花常会过早独自凋谢。知道了这个道理，就不必为仕路不通达忧愁，就可以消除急躁冒进的想法。

注：蹭蹬：遭遇挫折。

三百〇三

【原文】

树木至归根，而后知华萼枝叶之徒荣；人事至盖棺，而后知子女玉帛之无益。

【译文】

树到了叶落归根凋谢的时候，才知道那鲜艳的花、浓密的叶只不过是一时的繁荣；人到了死去装入棺材中，才知道子女繁盛、金钱富足都没什么用处。

三百〇四

【原文】

真空不空，执相非真，破相亦非真，问世尊如何发付？在世出世，徇欲是苦，绝欲亦是苦，听吾侪善自修持！

【译文】

真正的空并不是拒绝一切空无一物，执着于外物不会看清事物本质，排斥外物也不会看清本质，请问佛陀怎样处理这个问题？身处世上又要超脱尘世，放纵私欲是痛苦的，断决一切欲望也是痛苦的，只好靠自己好好修养。

注：真空：佛教术语。是指人涅槃后超脱一切迷情后所见的象。这是超脱世间一切烦恼的清净境界。执相：执着于个别物象。世尊：指释迦牟尼。

三百〇五

【原文】

烈士让千乘，贪夫争一文，人品星渊也，而好名不殊好利；天子营家国，乞人号饔飧，位分霄壤也，而焦思何异焦声。

【译文】

有节操的士人可以把一个拥有千辆战车的大国让给别人，贪婪的人却为一文钱争夺，二者人格上有天壤之别，但喜好美名与好利没有什么不同；天子治理国家，乞丐哭喊着要饭，地位有天壤之别，但一个苦苦思虑，一个苦苦叫喊，并没有什么本质的差别。

注：烈士：有节义的人。千乘：指大国。乘，四匹马拉的车。星渊：星星与深渊的差别，比喻差别极大。饔飧：早饭和晚饭，这里指食物。

三百〇六

【原文】

饱谙世味，一任覆雨翻云，总慵开眼；会尽人情，随教呼牛唤马，只是点头。

【译文】

极懂得世态炎凉滋味的人，任凭世事变化无常，总是懒得睁眼看看；看透了人情冷暖的人，即使你像喊牛马一样叫他，他也只是点头。

三百〇七

【原文】

今人专求无念而终不可无。只是前念不滞后念不迎，但将现在的随缘打发得去，自然渐渐入无。

【译文】

现在的人都一心想要没有杂念，却最终也不能没有。只要以前的杂念不停留在心里，以后的杂念不进入心中，只要把现在的这些杂念随时打发掉，就渐渐进入了没有杂念的境界。

三百〇八

【原文】

意所偶会便成佳境，物出天然才见真机，若加一分调停布置，趣意便减矣。白氏云：“意随无事适，风逐自然清。”有味哉，其言之也！

【译文】

心中偶然有所领悟就是一个好境界，事物是天然生成才能看出真的趣味，如果人工地去做一点调整修饰，趣味就减少了。白居易说：“无事可想时心最舒适，自然吹来的缕缕微风才清爽无比。”这句话很有味道，说出了这个道理。

三百〇九

【原文】

性天澄澈，即饥餐渴饮，无非康济身心；心地沉迷，纵谈禅演偈，总是播弄精魂。

【译文】

天性纯洁的人，即使不有意修行，饿了就吃，渴了就喝，也能使身心健康；心灵沉入物欲中的人，即使谈佛法诵偈语，也是在白白浪费自己的精力。

三百一十

【原文】

人心有个真境，非丝非竹而自恬愉，不烟不茗而自清芬。须念净境空，虑忘形释，才得以游衍其中。

【译文】

人心中有一个真境界，不需要美妙的音乐就自然愉快安适，不需要檀香、清茶就自然感到清香。必须心中没有杂念没有物欲，忘记了忧虑，摆脱了形体的束缚，才能自由自在地生活在真境界里。

注：游衍：逍遥自在。

三百一十一

【原文】

金自矿出，玉从石生，非幻无以求真；道得酒中，仙遇花里，虽雅不能离俗。

【译文】

黄金是从矿石冶炼出来，美玉是从玉石中雕琢出来，没有虚幻就无法得到真实；道理可以从饮酒中得到，仙人能在花丛中遇见，即使高雅之物也不能完全摆脱世俗。

三百一十二

【原文】

天地中万物，人伦中万情，世界中万事，以俗眼观，纷纷各异，以道眼观，种种是常。何须分别？何须取舍？

【译文】

天地间的万物，人世间的所有感情，世界上所有的事，以世俗的眼光看，复杂纷乱每种都与别的不同；如果用超脱的眼光看，每种都是一样的。又何必把它们加以区别？又何必有所取舍呢？

三百一十三

【原文】

神酣，布被窝中，得天地冲和之气；味足，藜羹饭后，识人生淡泊之真。

【译文】

只要睡得香，睡在布被中，也可以吸收天地间的和顺之气；只要吃得香，在粗茶淡饭后自能体味到淡泊是人生的真味。

三百一十四

【原文】

缠脱只在自心，心了则屠肆糟廛，居然净土。不然，纵一琴一鹤，一花一卉，嗜好虽清，魔障终在。语云：“能休，尘境为真境，未了，僧家是俗家。”信夫。

【译文】

是超脱还是被束缚，关键在于自己的想法。心地纯净，即使是肉铺酒店也会变成净土。不然，纵然弹琴养鹤，浇灌花草，爱好虽然高雅，邪魔终究还在。俗话说：“能斩断俗念在尘世中也如同处在仙境，没能了却尘缘做了和尚也是个俗家人。”确实如此。

注：屠肆糟廛：肉铺酒店。肆，铺子，市场。廛，市场。

三百一十五

【原文】

斗室中，万虑都捐，说甚画栋飞云，珠帘卷雨；三杯后，一真自得，唯知素琴横月，短笛吟风。

【译文】

住在小屋里，所有的杂念都抛开，还羡慕什么雕梁画栋、飞檐入云的华丽住宅；三杯酒下肚之后，领悟到世事真味，只管在月下弹琴，风中吹笛。

三百一十六

【原文】

万籁寂寥中，忽闻一鸟弄声，便唤起许多幽趣；万卉摧剥后，忽见一枝擢秀，便触动无限生机。可见性天未常枯槁，机神最宜触发。

【译文】

万籁俱寂的时候，忽然听见一声鸟鸣，就会唤起许多幽然的情趣；百花凋零后，忽然看到一株挺立的鲜花，就会触发出无限的生机。由此可见万物天性不应永远衰败，生命的机趣应该不断地激发。

三百一十七

【原文】

白氏云："不如放身心，冥然任天造。"晁氏云："不如收身心，凝然归寂定。"放者流为猖狂，收者入于枯寂。唯善操身心者，把柄在手，收放自如。

【译文】

白居易说："不如放纵自己的身心，成败听凭自然。"晁补之说："不如收敛身心，静静地使一切归于寂静。"狂放的人会流于放肆，收敛的人过于枯燥。只有善于把持身心的人，才能把规律掌握在自己手里，想收心就收心，想放纵就放纵，自由自在。

注：晁氏：晁补之，北宋诗人，字无咎，号归来子。

三百一十八

【原文】

当雪夜月天，心境便尔澄澈；遇春风和气，意界亦自冲融；造化人心，混合无间。

【译文】

当面对白雪铺地的夜晚和有月光的天空，心绪就会清静明净；遇到春风吹拂气候暖和，意境也会自然通透；天地造化和人心交相合一没有分别。

三百一十九

【原文】

文以拙进，道以拙成，一拙字有无限意味。如桃源犬吠，桑间鸡鸣，何等淳庞。至于寒潭之月，古木之鸦，工巧中便觉有衰飒气象矣。

【译文】

文章要讲究拙朴才能进步，学道要讲究拙朴才会成功，一个拙字有着无限的意味。像桃花源狗吠，桑林中鸡鸣，是何等的淳朴。至于寒潭中的月影，古树上的乌鸦，虽然工巧，却给人一种衰败的气象。

三百二十

【原文】

以我转物者，得固不喜，失亦不忧，天地尽属逍遥；以物役我者，逆固生憎，顺亦生爱，一毫便生缠缚。

【译文】

以我为中心来操纵一切事物，成功时固然不会觉得欣喜，失败了也不会感到忧虑，无限天地都只属于我逍遥的地方；以外物为中心来驾驭自我的人，不顺心时固然感到憎恨，顺利时就会产生爱恋，即使是一些微小的事也会把自己束缚住。

三百二十一

【原文】

理寂则事寂，遣事执理者，似去影留形；心空则境空，去境存心者，如聚羶却蚋。

【译文】

世间的道理如果归于空寂，那么一切事物也会归于空寂，一味地舍弃事实而执着于道理，就好像要祛除影子却要留下形体一样的荒谬；内心如果保持空寂，那么外在的境遇也会随着空寂，一味地舍弃外在境遇却执着于原来的心地，就好像聚集腥臭来赶走蚊蝇一样。

三百二十二

【原文】

幽人清事总在自适，故酒以不劝为欢，棋以不争为胜，笛以无腔为适，琴以无弦为高，会以不期约为真率，客以不迎送为坦夷，若一牵文泥迹，便落尘世苦海矣！

【译文】

清高的人和高雅的事都在求合乎自己的本性，所以喝酒以不相劝饮为最快乐，下棋以不相争为最高明，吹笛以不按固定腔调为最适当，弹琴以信手拈来为最雅致，约会以不期而遇为最真实，客人以不相迎送为最坦诚。如果受到繁文缛节的束缚，就要掉进世俗苦海中了。

三百二十三

【原文】

试思未生之前有何像貌，又思既死之后有何景色，则万念灰冷，一性寂然，自可超物外，游象先。

【译文】

先想一想没有出生之前是什么相貌，再想想死后会变成什么景象，那么所有的欲念都会冷却，心中只有寂静，自然可以超然物外，悠游在物象之外。

三百二十四

【原文】

遇病而后思强之为宝，处乱而后思平之为福，非蚤智也；幸福而先知其为祸之本，贪生而先知其为死之因，其卓见乎！

【译文】

得病以后才知道健康是宝贵的，身处乱世才知道太平的生活是幸福的，这不是先见之明；幸福时能知道这是祸患的本源，贪恋生命时知道这是后来早死的原因，这才是远见卓识。

注：蚤智：先见之明。蚤，早。

三百二十五

【原文】

优人傅粉调朱，效妍丑于毫端，俄而歌残场罢，妍丑何存？奕者争先竞后，较雌雄于著子，俄而局尽子收，雌雄安在？

【译文】

演戏的人涂脂粉抹口红，用笔画出自己的美丑，一会儿歌唱完了，戏散场了，那些美的、丑的，又在哪里？下棋的人争着走在前面，恐怕落后，在落子上较量强弱，一会儿棋下完了，棋子也被收起，输赢又在哪里呢？

三百二十六

【原文】

风花之潇洒，雪月之空清，唯静者为之主；水木之荣枯，竹石之消长，独闲者操其权。

【译文】

微风中花朵的潇洒身姿，雪夜月光中的空明皎洁，只有内心宁静的人才能成为它们的主人；流水边树木的繁茂枯萎，竹林间石头的消退增长，只有生命悠闲的人才能掌握欣赏。

三百二十七

【原文】

田父野叟，语以黄鸡白酒则欣然喜，问以鼎食则不知；语以缊袍短褐则油然乐，问以衮服则不识。其天全，故其欲淡，此是人生第一个境界。

【译文】

对农人村夫谈到黄鸡白酒这些食物时，他们会显得欣喜高兴，而如果问到山珍海味就不知道了；对他们谈到棉袍布衣，会显得自然愉快，而如果问一些官衣礼服，就一点也不知道了。因为他们还没失去纯真的本性，所以欲望淡泊，这是人生的第一境界。

注：鼎食：有山珍海味等丰盛食物的豪华饮食。鼎，古代的烹煮器物，多用于富贵人家。缊袍：新旧丝混合织成的袍子。衮服：帝王或三公的礼服，这里指官服。

三百二十八

【原文】

心无其心，何有于观，释氏曰："观心者，重增其障；物本一物，何待于齐？"庄生曰"齐物者，自剖其同"。

【译文】

人心如果不产生任何妄念，又何必要去观心？佛家说："观心，反而是增加了修持的障碍；天地间的万物原本是一体的，何必等待人去划一？"

庄子说，“使物我齐一的做法，实际是把本来一体的东西给分开”。

注：释氏：佛祖名释迦牟尼。释氏指佛。庄生：庄子，名庄周。战国时宋国人，著名思想家。道家学派创始人之一。

三百二十九

【原文】

笙歌正浓处，便自拂衣长往，羡达人撒手悬崖；更漏已残时，犹然夜行不休，笑俗士沉身苦海。

【译文】

当歌舞正精彩的时候，能够拂衣离去，这种豁达的人，就是手攀住悬崖峭壁时也敢放开，真是值得人羡慕；天都快亮了，仍然像在夜里一样走路，这种人完全是自沉苦海的俗人，真是可笑啊。

注：更漏：计时单位。一夜分五更，每更约两小时。漏，漏壶，古代按刻漏报更。这里指夜晚的时间。

三百三十

【原文】

把握未定，宜绝迹尘嚣，使此心不见可欲而不乱，以澄吾静体；操持既坚，又当混迹风尘，使此心见可欲而亦不乱，以养吾圆机。

【译文】

自己还不能凭自己的定力来控制自己的行

动，就应该远离喧嚣的尘世，使自己的心灵因看不到诱人的东西而不被迷乱，这样才能清明地体悟自己纯净的心灵本体；内心的修持足够坚定了，又应该混居于世俗风尘中，使自己的内心见到了那些诱人的东西也不会意乱情迷，从而培养出自己圆通的智慧。

三百三十一

【原文】

喜寂厌喧者，往往避人以求静，不知意在无人，便成我相，心着于静，便是动根。如何到得人我一空、动静两忘的境界？

【译文】

喜欢寂静而讨厌喧闹的人，常常是躲避他人来求得安静，却不知有意避开人就是执着于自我，内心执著于安静就是躁动的根源。这怎么可能达到人我一视同仁而忘却动静区别的境界呢？

注：我相：佛教名词。四相之一。指把轮回六道的自体当作真实存在的观点。

三百三十二

【原文】

山居胸次清洒，触物皆有佳思：见孤云野鹤，而起超绝之想；遇石涧流泉，而动澡雪之思；抚老桧寒梅，而劲节挺立；侣沙鸥麋鹿，而机心顿忘。若一走入尘寰，无论物不相关，即此身亦属赘旒矣！

【译文】

在山野闲居时心胸清新洒脱，碰到任何事物都会产生好的遐思：看

见孤云野鹤的自由自在，就会产生超越凡俗的想法；遇到山石间的溪水和流泉，就会产生洗涤心灵的念头；抚摸苍老的桧木和孤寒的梅树，会羡慕它们坚韧不拔、傲然挺立的节操；和沙鸥麋鹿作伴，追求名利的机心就会立刻被遗忘。一旦再走回这个尘世，无论任何事物都和我不再相关，即使这个身体也会觉得是多余的。

书目

059. 喻世明言
060. 警世通言
061. 醒世恒言
062. 初刻拍案惊奇
063. 二刻拍案惊奇
064. 世说新语
065. 容斋随笔
066. 太平广记
067. 包公案
068. 彭公案
069. 聊斋
070. 老残游记
071. 笑林广记
072. 孽海花
073. 三字经
074. 百家姓
075. 千字文
076. 弟子规
077. 幼学琼林
078. 声律启蒙
079. 笠翁对韵
080. 增广贤文
081. 格言联璧
082. 龙文鞭影
083. 成语故事
084. 中华上下五千年・春秋战国
085. 中华上下五千年・夏商周
086. 中华上下五千年・秦汉
087. 中华上下五千年・三国两晋
088. 中华上下五千年・隋唐
089. 中华上下五千年・宋元
090. 中华上下五千年・明清
091. 中国历史年表
092. 快读二十四史
093. 呐喊
094. 彷徨
095. 朝花夕拾
096. 野草集
097. 朱自清散文
098. 徐志摩的诗
099. 少年中国说
100. 飞鸟集
101. 新月集
102. 园丁集
103. 宽容
104. 人类的故事
105. 沉思录
106. 瓦尔登湖
107. 蒙田美文
108. 培根论说文集
109. 假如给我三天光明
110. 希腊神话
111. 罗马神话
112. 卡耐基人性的弱点
113. 卡耐基人性的优点
114. 跟卡耐基学当众讲话
115. 跟卡耐基学人际交往
116. 跟卡耐基学商务礼仪
117. 致加西亚的信
118. 智慧书
119. 心灵甘泉
120. 财富的密码

121. 青年女性要懂的人生道理
122. 礼仪资本
123. 优雅—格调
124. 优雅—妆容
125. 一分钟口才训练
126. 一分钟习惯培养
127. 每天进步一点点
128. 备受欢迎的说话方式
129. 低调做人的艺术
130. 影响一生的财商
131. 在逆境中成功的 14 种思路
132. 我能：最大化自己的 8 种方法
133. 思路决定出路
134. 细节决定成败
135. 情商决定命运
136. 性格决定命运
137. 责任胜于能力
138. 受益一生的职场寓言
139. 让你与众不同的 8 种职场素质
140. 锻造你的核心竞争力：保证完成任务
141. 和孩子这样说话很有效
142. 千万别和孩子这样说
143. 开发大脑的经典思维游戏
144. 老子的智慧
145. 三十六计的智慧
146. 孙子兵法的智慧
147. 汉字
148. 姓氏
149. 茶道
150. 四库全书
151. 中华句典
152. 奇趣楹联
153. 中国绘画
154. 中华书法
155. 中国建筑
156. 中国国家地理
157. 中国文明考古
158. 中国文化与自然遗产
159. 中国文化常识
160. 世界文化常识
161. 世界文化与自然遗产
162. 西洋建筑
163. 西洋绘画
164. 失落的文明
165. 罗马文明
166. 希腊文明
167. 古埃及文明
168. 玛雅文明
169. 印度文明
170. 巴比伦文明
171. 世界上下五千年
172. 人类未解之谜（中国卷）
173. 人类未解之谜（世界卷）
174. 人类神秘现象（中国卷）
175. 人类神秘现象（世界卷）